现代地下结构
抗震性能分析与研究

孙巍 燕晓 著

中国建筑工业出版社

图书在版编目（CIP）数据

现代地下结构抗震性能分析与研究/孙巍，燕晓
著. —北京：中国建筑工业出版社，2020.2
ISBN 978-7-112-24792-9

Ⅰ. ①现… Ⅱ. ①孙…②燕… Ⅲ. ①地下工程-
抗震性能-研究 Ⅳ. ①TU92

中国版本图书馆 CIP 数据核字（2020）第 022557 号

　　随着国内地下结构建设规模逐渐增大，新的建筑功能、结构形式层出不穷，现行地下结构抗震设计规范在许多方面已处于滞后状态。比如，对于新兴的矩形、马蹄形断面盾构隧道，桥站合建、高层-车站合建、中庭式车站等特殊地下结构，以及其他特殊形式的地下空间结构，在抗震设计规范中都没有明确的指导。

　　本书对现行地下结构抗震设计规范进行了全面梳理，对常态化的盾构隧道、明挖车站和地下空间结构开展了一系列的抗震性能分析和研究，对工程的抗震安全性进行了评价并提出了性能化的发展方向。全书共分为六章，包括：绪论；现行地下结构抗震标准辨析；盾构隧道抗震设计研究；明挖地铁车站结构抗震设计研究；地下空间结构抗震设计研究；地下结构抗震研究展望。

　　目前为止，国内对现代地下结构抗震性能的研究较少，这也是现行地下结构抗震规范体系存在空白、矛盾和缺陷的主要原因。作者希望通过本书的研究，提高人们对现代地下结构抗震设计的认识，推动地下结构抗震的发展。

责任编辑：刘婷婷　刘文昕
责任设计：李志立
责任校对：赵　菲

现代地下结构抗震性能分析与研究
孙巍　燕晓　著
*
中国建筑工业出版社出版、发行（北京海淀三里河路 9 号）
各地新华书店、建筑书店经销
霸州市顺浩图文科技发展有限公司制版
天津图文方嘉印刷有限公司印刷
*
开本：787×1092 毫米　1/16　印张：11　字数：270 千字
2020 年 6 月第一版　　2020 年 6 月第一次印刷
定价：**120. 00** 元
ISBN 978-7-112-24792-9
（35132）

目　　录

第1章　绪论 1

  1.1　引言 1

  1.2　地下结构震害的认识 8

  1.3　地下结构抗震设计的研究手段 15

  1.4　本书的内容安排 23

第2章　现行地下结构抗震标准辨析 24

  2.1　引言 24

  2.2　我国地下结构抗震规范的现状 24

  2.3　地下结构抗震设防的一致性与差异性 29

  2.4　盾构隧道抗震设防的对比研究 34

  2.5　明挖结构抗震规范对比分析 36

第3章　盾构隧道抗震设计研究 41

  3.1　引言 41

  3.2　盾构隧道抗震规范辨析 41

  3.3　盾构隧道抗震计算的判断标准 49

  3.4　深层调蓄隧道抗震 58

  3.5　矩形盾构抗震 71

  3.6　盾构隧道内预制车道板结构 81

第4章　明挖地铁车站结构抗震设计研究 85

  4.1　引言 85

  4.2　明挖地铁车站结构抗震规范辨析 85

  4.3　典型地铁车站结构抗震分析 95

  4.4　特殊地铁车站结构抗震分析 110

第5章　地下空间结构抗震设计研究 121

  5.1　引言 121

  5.2　抗震规范在地下空间抗震设计中的应用 122

  5.3　地下空间结构抗震设计 124

  5.4　异形地下空间抗震设计问题 153

第6章　地下结构抗震研究展望 161

参考文献 163

第1章 绪 论

1.1 引言

人类历史上，地下结构的建造可追溯至公元前 2000 年以前，四大文明古国之一的古巴比伦修建了一条 900m 长的穿越幼发拉底河的人行隧道。此后，古罗马长达 32km 的地下隧道、我国秦汉时期的帝王墓葬群等都是古代地下结构的杰出代表。然而，在相当长的一段时间里，人类的地下结构建造技术处于非常原始的阶段，奴隶社会和封建社会时期的统治者驱使大量人力投入到地下工程的建设中。

随着科学和技术的发展，地下结构的建造技术也进入了新的阶段，尤其是火药和蒸汽机的发明，使人们成功开发了在坚硬岩土层中挖掘隧道的新技术。1845 年英国建成了第一条铁路隧道，1863 年伦敦开通了世界上第一条城市地下铁道，1871 年法国和意大利建成了穿越阿尔卑斯山、长达 12.8km 的隧道，这些工程的建成标志着地下结构的发展进入了新时代。

国外地下结构的建设在 20 世纪 60~70 年代达到了空前的规模。当时一些发达国家地下空间的开发总量都在数千万到数亿立方米，建造了大量的交通隧道、水工隧道、大型公用设施隧道和地下能源储库[1] 等基础设施。我国的地下工程建设起步较晚，但当时也有自己的代表性工程：1969 年，北京地铁 1 号线一期工程建成并开始试运营，这是我国自行设计和施工的第一条地下铁道，结束了中国没有地铁的历史；1970 年，上海打浦路越江隧道建成，这是我国第一条水底公路隧道，也是第一条采用盾构法施工的隧道（图 1.1.1）。

(a) (b)

图 1.1.1 20 世纪 60~70 年代我国代表性地下工程（图片来自网络）

（a）北京地铁 1 号线；（b）上海打浦路越江隧道

21 世纪以来，我国的地下结构迅猛发展：截至 2018 年底，我国共建设有交通隧道 36103km。其中，铁路隧道 15177 条，长度 16331km；公路隧道 16500 条，长度 15940km；城市轨道交通隧道 5766km，其中地铁约 4511km。此外，还建设了大量的水电隧洞、输水隧洞、地下管廊以及其他用途的隧道等，地下结构的建设蓬勃发展。近年来，我国新建地下工程越来越多地体现出多样性、综合性、大型性、复杂性、创新性等现代化的特征。

（1）多样性

目前为止，我国建设和规划的地下工程几乎涵盖了人们生产和生活的各个行业和领域（图 1.1.2）。公路隧道、铁路隧道、轨道交通隧道等地下交通工程为人们的出行需求提供了服务；输水隧道、排水隧道、电力隧道、综合管廊等地下市政工程为人们的生活和生产活动提供了基本保障；地下空间综合体、地下停车场、地下商场、地下酒店、地下博物馆等为人们的物质和精神生活提供了便利；地下仓储、地下油气管道、跨流域引水隧道、地下军事工程、人防工程等在国家战略和军事层面上提供了服务。总之，现阶段我国地下工程的服务功能多种多样。

(a)

(b)

(c)

图 1.1.2 我国的现代地下结构（图片来自网络）

（a）上海虹桥交通枢纽；（b）上海深坑酒店；（c）上海广富林考古遗址地下博物馆

（2）综合性

自人们开始重视地下工程建设以来，城市中心的地下空间一直都是稀缺资源，交通、市政、商业等行业都在同一区域有建设发展的规划。因此，能够融合多种使用功能的地下空间综合体应运而生。城市地下空间综合体一般占地面积较大，可以充当交通枢纽、提供活动空间、承载商业娱乐，对城市某一区域的发展往往起决定性作用。北京中关村地下空间、上海五角场地下空间、上海虹桥交通枢纽、广州珠江新城地下空间综合体、深圳前海综合交通枢纽、武汉光谷广场综合体、杭州未来科技城地下空间等，都是能够"辐射"整个区域的标志性工程。

上海五角场地下综合体采用"两站一区间"的开发方式，结合轨道交通 10 号线综合开发大体量的地下空间，包括地下通道和大量购物、休闲、娱乐设施等（图 1.1.3）。五角场地区的地下空间主要集中在环岛的下沉广场周边，整个地下空间以下沉广场为中心，沿着广场圆形长廊边的 5 条道路口设有 9 个出入口，分别可达到邯郸路、四平路、黄兴路、翔殷路、淞沪路五条主干道的路口处，这些出入口还与周边的商城地下一层贯通，同时各商业设施之间也有直接的地下通道相连。轨道交通 10 号线在五角场设置两个站点，若干个出入口，通过地下通道的方式将两个站点连接起来，并与五角场环岛下沉广场连通，形成了集交通枢纽、商业中心、休闲娱乐中心为一体的大型地下空间综合体。

(a)　　　　　　　　　　　　　　　　　　　(b)

图 1.1.3　上海五角场（图片来自网络）

(a) 五角场鸟瞰；(b) 五角场下沉广场

(3) 大型性

随着经济水平的提高和建设技术的进步，我国的地下工程逐渐朝着大型化的方向发展。目前，我国已经成功修建的最长隧道是 85km 的大伙房输水隧道，最长的铁路隧道是 32km 的关角隧道，最长的公路隧道是 18km 的秦岭终南山隧道。在铁路隧道方面，我国已建成了 9 座 20km 以上的隧道，在建长度超过 20km 的隧道有 6 座，最长的在建隧道是 34.5km 的大瑞铁路高黎贡山隧道。已建和在建的长度超过 20km 的铁路隧道见表 1.1.1。

除了上述已建和在建的特长隧道之外，我国还规划了 23 座 20km 以上的待建交通隧道，数量上超过了已建和在建的 20km 级交通隧道的总和。我国已经完全掌握 20km 级交通隧道的修建技术，正在向着修建 30km 级以上特长交通隧道的水平发展。我国近年来建设的隧道规模不仅体现在长度上，隧道的断面尺寸也越来越大，济南下穿黄河的济泺路隧道直径 15.2m，武汉下穿长江的三阳路隧道直径也达到 15.2m，香港屯门至赤鱲角的隧道

我国已建及在建长度超过 20km 的铁路隧道　　　　　　　　　表 1.1.1

隧道名称	隧道长度(km)	隧道名称	隧道长度(km)
新关角隧道	32.690	南昌梁山隧道	23.443
西秦岭隧道	28.236	高黎贡山隧道(在建)	34.538
太行山隧道	27.839	当金山隧道(在建)	20.100
中天山隧道	22.449	小相岭隧道(在建)	21.775
乌鞘岭隧道	20.050	云屯堡隧道(在建)	22.923
吕梁山隧道	20.785	平安隧道(在建)	28.426
燕山隧道	21.153	崤山隧道(在建)	22.751
青云山隧道	22.175		

直径达到 17.6m，堪称世界之最。在沉管隧道方面，2017 年 7 月 7 日全线贯通的港珠澳大桥沉管隧道是世界上最长、埋入海底最深、单个沉管体量最大的公路沉管隧道，多项修建技术引领全球。

在地下空间工程方面，深圳前海综合交通枢纽工程建筑面积 294.9 万 m²，地下部分最大 6 层，深度达到 32.5m，为国内枢纽中深度最大的项目（图 1.1.4）。该交通枢纽包含港深西部快轨、穗莞深城际线及地铁 1 号线、5 号线、11 号线等 5 条轨道交通线路，集合城际轨道交通、城市轨道交通、口岸、地面地下道路、公共汽车、出租汽车、旅游大巴等多种交通设施，设计日客运量 75 万人次，出入境日客流量达 42 万；同时，上盖配套建筑开发，是集商务办公、商业、公寓、酒店等多种业态为一体的城市综合体，全面建成后将是世界第二大综合交通枢纽。

图 1.1.4　深圳前海综合交通枢纽（图片来自网络）

（4）复杂性

我国幅员辽阔、地质多样，在建造地下工程时可能遇到各种复杂的工程地质和水文地质条件，包括软弱地层、坚硬地层、不均质地层、强透水地层、破碎岩层、采空区、岩溶、可液化土层等。地下工程的建设区域也各不相同，包括城市、山区、高原，甚至江河、海底等。城市地下工程的建造不可避免地要邻近或穿越既有建筑物、道路立交桥桩基础、既有隧道、地下管线等，当邻近或下穿居民区、医院、学校等时，会面临减振、降噪等环境要求。

在山区，近年来大量建设的调水工程输水隧洞面临的一大复杂性难题是大埋深。调水工程受地形、地质条件等因素影响，往往需要兴建大量埋深大、长距离的输水隧洞近年来，已建和在建的主要大型跨流域调水深埋输水隧洞见表 1.1.2。受选线限制，大量长距离输水隧洞在建设过程中，将不可避免地需要穿越具有复杂地质构造的山岭地区，面临着自然环境恶劣、地震烈度高、不良地质多发等不利因素。如在建的滇中引水、引汉济渭等长距离调水工程，隧洞埋深超千米，穿越多个复杂地质单元，面临着断层破碎带、岩性不整合接触带、局部软岩、岩溶、高地应力岩爆、瓦斯地层及地下水等问题，工程地质条件相当复杂。除此之外，车站结构也面临埋深大的技术挑战。京张高铁八达岭长城车站最大埋深达 102m，是目前国内埋深最大的高铁车站（图 1.1.5）。车站主洞数量多、洞形复杂、交叉节点密集，作为暗挖洞群车站，建设条件相当复杂。

我国已建和在建的主要大型跨流域调水工程深埋输水隧洞　　　　表 1.1.2

隧道名称	地点	长度(km)	最大埋深(m)
引大济湟总干渠引水隧洞	青海	24.2	1070
引大入秦盘道岭隧洞	甘肃	15.7	404
引洮供水 7 号隧洞	甘肃	17.3	368
引黄入晋南干线 7 号隧洞	山西	41.0	380
中部引黄总干线 3 号隧洞	山西	50.9	610
引汉济渭秦岭隧洞	陕西	18.3	2012
掌鸠河引水供水工程上公山隧洞	云南	13.8	368
滇中引水香炉山隧洞	云南	62.6	1450

图 1.1.5　京张高铁八达岭长城车站（图片来自网络）

调蓄隧道是海绵城市系统的重要组成部分，主要作用之一是在雨洪来临时汇集和储存雨水，雨洪过后将水排出，防止城市发生内涝。在建的上海苏州河深层调蓄隧道设计采用盾构法建设（图1.1.6），隧道结构埋深较大，进入承压水层，施工时采取降压措施将对隧道的建设产生很大的影响。另外，由于隧道埋深较大，运营期雨水注满时，隧道内将产生很高的内水压力，造成隧道环向轴力减小、弯矩和变形增大，存在防水失效发生渗漏甚至结构破坏的风险。在上海软土地区建设深层调蓄隧道工程，从施工和运营两个方面体现出双重的复杂性。

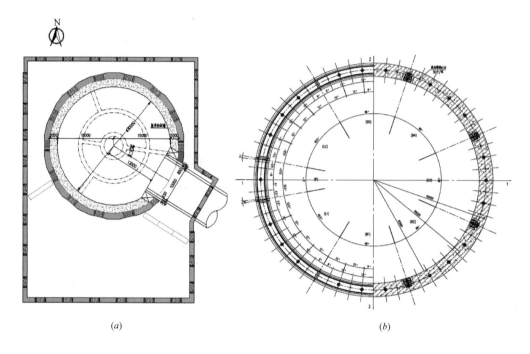

(a)　　　　　　　　　　　　　　　　　　(b)

图 1.1.6　上海苏州河深层调蓄隧道

(a) 竖井结构；(b) 隧道结构

(5) 创新性

地下结构的建造方法多种多样，随着工程经验的积累和建设技术的进步，越来越多的施工方法被开发了出来。例如，传统的盾构隧道一般为圆形断面，近年来为了达到节约地下空间、适应地层条件等目的，国内建造了类矩形断面、马蹄形断面的盾构隧道，体现了显著的创新性。

矩形盾构法隧道首次在国内应用是上海虹桥临空园区两地下停车场的连接通道工程。通道全长约52m，隧道横断面最大宽度9.75m，最大高度4.95m，管片环宽1m，管片厚度0.55m，采用钢-混凝土复合管片结构，外表面、断面为钢板，内部填充混凝土，如图1.1.7所示。该矩形盾构隧道的建设创造性地解决了世界上同类工程中高宽比仅为0.5这一最"扁"矩形断面带来的管片接头承载力要求高、拼装空间狭小等一系列难题。除这一工程外，宁波轨道交通也建设了类似的矩形断面盾构隧道。

马蹄形盾构隧道是近年来我国隧道领域的又一创新。蒙华铁路白城隧道为解决工程地质中土质松软、脆弱，施工安全风险性大等特点，采用异形盾构法施工代替传统的矿山法施工。隧道全长3345m，最大埋深81.05m，采用世界首台大断面马蹄形盾构机施工，其整机长110m、高10.95m、宽11.9m，重1300t，如图1.1.8所示。这一隧道开挖方式除

图 1.1.7 上海虹桥临空连接通道矩形盾构隧道

可适应特殊的工程地质外，还节约了地下空间资源，较圆形截面减少 $10\%\sim15\%$ 的开挖面积，提高隧道空间利用率、降低施工成本和缩短施工工期。

(a)

(b)

图 1.1.8 蒙华铁路白城隧道（图片来自网络）
(a) 马蹄形断面盾构隧道；(b) 马蹄形断面盾构机

除上述隧道外，其他地下结构在建设过程中也遇到了大量的前所未见的难题，如青藏铁路昆仑山隧道面临多年冻土和局部冻融围岩的问题，上海辰山植物园地下空间结构一侧临空问题，深圳地铁车公庙站与上跨立交桥合建问题等。针对上述场地和结构难题，工程人员提出了一系列的解决方案并顺利执行，体现出显著的工程创新性。

我国地下结构的建设已逐渐走入现代化，但在某些方面并未跟上现代化建设的步伐，地下结构抗震设计就是其中的典型代表。我国是地震多发国家，据统计，20 世纪以来我国共发生 M_s6.0 级以上地震近 800 次，1950～2010 年间共发生 M_s7.0 级以上地震 65 次，2011～2016 年期间发生 M_s7.0 级以上地震 3 次[1]。上述地震影响范围几乎遍及我国所有省份，这表示我国几乎所有地区都有可能受到地震危害。1995 年日本阪神地震、2008 年我国汶川地震等国内外已有的震害表明，地震发生时地下结构并不安全，地下结构抗震设计是有必要的。

过去，由于缺少地下结构抗震设计标准，工程技术人员在地下结构抗震设计时，多采用地上结构的设计方法，执行地上结构的规范。直到 2009 年，上海市发布了《地下铁道建筑结构抗震设计规范》DG/TJ 08—2064—2009，这是我国较早的专门针对地下结构的抗震设计标准。2010 年发布的《建筑抗震设计规范》GB 50011—2010 增加了"地下结构抗震"章节，针对地下车库、过街通道、地下变电站和地下空间综合体等单建式地下建筑的抗震设计进行指导。2014 年，住建部发布了又一部轨道交通抗震规范——《城市轨道交通结构抗震设计规范》GB 50909—2014。其他如《地铁设计规范》GB 50157—2013、上海市《道路隧道设计标准》DG/TJ 08—2033—2017 等也都有地下结构抗震设计章节。2019 年 4 月，住房和城乡建设部发布了《地下结构抗震设计标准》GB/T 51336—2018，这一规范涵盖了地下单体结构、地下复合结构、盾构隧道、矿山法隧道、明挖隧道、下沉式挡土结构、复建式地下结构等，是我国第一部综合性的地下结构抗震设计标准。

尽管我国地下结构抗震设计标准体系逐渐完善，但目前国内地下结构建设规模逐渐增大，新的建筑功能、结构形式层出不穷。现行的地下结构抗震设计规范在很多方面已无法跟上地下结构的现代化发展速度，以三类典型的地下结构为例：

① 目前国内盾构隧道的建设方兴未艾，现行的盾构隧道抗震设计规范还存在不少空白。例如，上海市已建成的青草沙输水隧道和在建的苏州河深层调蓄隧道均采用盾构法建设，但目前国内并没有专门针对大型输水、排水隧道的抗震设计规范；新兴的矩形和类矩形断面盾构隧道、马蹄形断面盾构隧道更没有抗震设计规范的专门指导。

② 以地铁车站为代表的明挖地下结构在国内广泛建设，但轨道交通行业的不同抗震设计规范之间还存在矛盾，且地铁车站形式多样，对于桥站合建、高层-车站合建、中庭式车站等特殊地下结构，抗震设计规范并无专门的指导，还处于滞后状态。

③ 当前国内的地下空间综合体正处于朝气蓬勃的发展期，国内很多城市都有已建成或正在建设标志性的地下空间结构。但地下空间结构横纵跨度大、结构形式多样，对于特殊形式的地下空间结构，如与下沉广场合建结构、一侧临空结构、同一平面位置高低不同的结构等在抗震设计规范中没有明确的指导。

目前为止，国内对现代地下结构抗震性能的研究较少，这也是现行地下结构抗震规范体系存在空白、矛盾和缺陷的主要原因。作者希望通过本书的研究，提高人们对现代地下结构抗震设计的认识，推动地下结构抗震的发展。

1.2 地下结构震害的认识

自地下结构出现以来，人们就关注其在地震中的表现和所受的地震损害。1974 年，美国土木工程师协会（ASCE）公布了洛杉矶地区的地下结构在 1971 年圣费尔南多（San Fernando）地震中的震害情况调查，包括地下混凝土管道、给排水系统地下工程和发电厂地下工程等多种结构的地震破坏情况（ASCE，1974）[2]。在世界上另一个地震多发地——日本，JSCE（日本土木工程师协会）于 1988 年发布了包括本国若干条隧道在内的一部分地下结构的震害调查情况（JSCE，1988）[3]。近 30 年来，世界上发生了多次大地震，如 1995 年日本阪神地震、1999 年中国台湾集集地震和 2008 年中国汶川地震等，均对当地的地下结构造成了严重的损害。

1.2.1　隧道震害

据统计[4-6]，隧道震害一般有衬砌剪切破坏、衬砌开裂破坏、洞门裂损和滑坡造成的隧道端部或整体破坏等较为典型的形式。

(1) 衬砌剪切破坏

建在断层破碎带上的隧道，地震常会造成衬砌剪切破坏。在软土地区，隧道的破坏形式主要表现为错台、裂缝等，而山岭隧道主要有衬砌断裂、混凝土剥落、钢筋裸露拉脱等地震破坏现象。

1906 年，美国旧金山地震造成了两条位于圣安德烈斯断裂带的隧道发生衬砌剪切破坏：圣安德烈斯水坝集水隧道的部分区段产生了多达 2.4m 的错动，而埋深 214m 的莱特 1 号隧道断层处水平错动 1.37m；1930 年，日本穿越惠那断层的丹那隧道在伊豆地震中遭受破坏，断层处水平错位 2.39m，竖向错位 0.6m，主隧道边墙多处出现裂缝；1971 年，美国圣费尔南多隧道邻近希尔玛断层处在地震中发生了衬砌错位，最大竖向错位达 2.29m；1978 年，日本伊豆尾岛地震产生了一条横贯稻取隧道的断层，断层处隧道横截面发生大变形，断面宽度缩短 0.5m，底部隆起 0.8m，隧道两侧产生了 0.62m 的水平位移，造成围岩膨胀、衬砌挤出。

1999 年，中国台湾集集地震造成 49 条隧道发生衬砌开裂、混凝土剥落、钢筋弯曲等不同程度的破坏。Chang 和 Chang（2000）[7] 在地震后对石冈大坝进行了调查，发现由于车笼埔断层的错动，该重力坝竖直方向最大位移 7.8m，水平方向最大位移 7.0m，大坝挡水功能完全失效。大坝的输水隧道也因断层错动受到破坏，如图 1.2.1 所示。下游方向距离注水口 180m 的位置受剪断裂，隧道竖直方向最大错动达 4m，水平方向最大错动 3m。另外，在隧道表面也有严重的开裂和混凝土剥落现象。

位于断层破碎带的隧道，在地震发生时受到断层错动的强制作用，从而发生水平和竖直方向的相对位移，造成隧道的剪断变形。活动断层的蠕变量可以达到每年几毫米，隧道衬砌承受剪力，很可能产生剪切变形，一般为斜裂纹并伴有错台发生。这种剪切变形通常被限制在活动断层周围一个狭小的范围内，但这种突然的变位方式引起的隧道破坏是灾难性的，往往导致隧道整体坍塌。设计时，最好的办法是在选线阶段予以避开。在无法避开的情况下，通过加强隧道衬砌强度来抵御断层运动是不现实的，一般需要查明断层错动的可能性及可能发生的位移方向和大小，在设计中特殊考虑并提出检修的办法。

(2) 衬砌开裂破坏

衬砌开裂是最常见的震害现象，主要表现为纵向裂损、横向裂损、斜向裂损、斜向裂损进一步发展所致的环向裂损、底板裂损以及沿孔口如电缆槽、避车洞或避人洞发生的

(a)

图 1.2.1　石冈大坝输水隧道震害（Chang and Chang，2000）[7]

（a）石冈大坝输水隧道破坏；（b）输水隧道破坏示意图

裂损[8]。

　　1995 年，日本阪神地震造成了大量的隧道衬砌开裂。图 1.2.2 为日本 Rokko 铁路隧道内部的地震破坏照片[9]。衬砌拱顶受压和受剪产生的环向裂缝和斜裂缝清晰可见，接头位置混凝土剥落。

图 1.2.2　日本 Rokko 隧道破坏（Shimizu, et al.，2007）[9]

1999 年，集集地震导致当地隧道破坏严重，统计的 44 条盾构隧道中有 34 条衬砌开裂严重，其余隧道中除两条无衬砌隧道出现落石外，也都有轻微裂缝产生[10]。

2008 年，汶川地震造成了 21 条高速公路和 16 条国省干线公路上的 56 座隧道不同程度的受损[11]。紫坪铺隧道衬砌多处开裂，横向和环向裂缝开裂宽度达到 10～20mm，施工缝开裂 5～30mm；酒家垭隧道位于Ⅸ度及以下烈度区，其穿越断层部分有衬砌开裂、混凝土掉块、二次衬砌垮塌、初期支护垮塌、施工缝开裂等震害现象发生；距离震中较近的烧火坪隧道内部既有横向裂缝，又有斜向和环向开裂，组成了类似网格状的裂缝群，如图 1.2.3 所示。横向裂缝和环向裂缝一般是由张拉力引起的，常见于接头错位和二衬开裂位置；

图 1.2.3　烧火坪隧道内部裂缝 (Li，2012)[12]

斜向裂缝是由张拉和剪切共同作用产生的，常见于隧道侧墙和顶部。龙溪隧道靠近洞口位置有 5 处坍塌，多处二次衬砌混凝土掉落，并出现拉-剪环向开裂区域。隧道洞身纵向、横向裂缝开展，如图 1.2.4 所示。初次衬砌的钢支撑梁发生扭曲，喷射混凝土开裂、剥落，多处底板向上隆起，如图 1.2.5 所示。

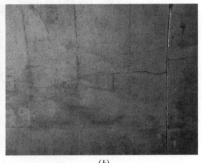

(a)　　　　　　　　　　　　　　(b)

图 1.2.4　龙溪隧道横向、纵向裂缝 (Li，2012)[12]

(a) 横向裂缝；(b) 纵向裂缝

图 1.2.5　龙溪隧道底板隆起 (Li，2012)[12]

对于同一程度的地震而言，如果仅论结构的惯性力，地下结构要比地面结构安全得多。这是因为地下结构处于周围地层的约束之中，并与地层一起运动。因而，地下结构在地震运动过程中，按照其相对于地层的质量密度和刚度分担一部分地震变形和荷载，而不像地面结构承担全部惯性力[13,14]。洞身结构之所以有惯性力破坏的现象发生，主要是由于地下结构与地层之间出现了较大的空隙而减弱了地层的约束作用，相当于提高了衬砌结构的相对质量密度，造成其分担的地震惯性作用超过了极限。

（3）洞门裂损

洞门裂损主要发生在端墙式和柱墙式洞门结构。图1.2.6为日本阪神地震发生后东山隧道入口处的震害情况。由图可见，洞口上方端墙左右两侧各有一条裂缝，左侧裂缝与垂直方向呈约15°夹角，右侧裂缝垂直，且两裂缝均呈贯通形式。

图1.2.6　日本东山隧道入口处裂缝（Asakura，et al.，2000）[8]

图1.2.7为汶川地震震后都汶公路桃关隧道洞口处。由图可见，端墙顶部有明显的竖向裂缝且开裂长度超过50cm，端墙与衬砌左侧脱开，受损严重。就地下结构横断面而言，岩石地层中的地下结构质量密度和岩石相比并没有显著的差异。因此，相对于地下结构洞身，处于地层约束较弱的洞口及浅埋地段发生破坏的概率一般较高[12]。

图1.2.7　桃关隧道洞口处开裂（Li，2012）[12]

（4）滑坡造成的隧道端部或整体破坏

临近边坡坡面的山岭隧道在地震发生时，可能会由于边坡失稳破坏而发生坍塌。图

1.2.8 为台湾 149 号公路清水隧道受集集地震破坏的照片和破坏形式示意图。从图中可见，强烈的地震引起了边坡失稳破坏，处于边坡滑动面上的隧道随边坡一起坍塌，发生了严重的整体破坏。

(a) (b)

图 1.2.8　清水隧道震害 (Wang, et al., 2001)[10]

(a) 隧道坍塌；(b) 坍塌示意图

图 1.2.9 为汶川地震震后的草坡隧道，隧道洞口处土坡受地震作用影响发生滑坡破坏，大量岩、土体从坡面滑落并堵塞了隧道洞口。由于汶川地区地质条件的特殊性，山体滑坡的同时也伴随有落石现象。

图 1.2.9　草坡隧道洞口处滑坡 (Wang, et al., 2009)[15]

其他震害形式，如端墙开裂、隧道内渗漏水等，这里不再一一赘述。总之，在过去的100 多年里，地震给隧道结构带来了严重的损害。

1.2.2　地铁车站震害

最为典型的明挖地下结构震害是 1995 年日本的阪神地震造成的，这次地震对地铁车站结构的破坏超出人们的预料，颠覆了人们一直以来公认的"地下结构不需过多考虑抗震"的设计思路。此次地震中，大开车站的坍塌是世界地铁车站震害的先例（图 1.2.10），（其震坏程度超过了很多地面建筑物）。引起了全世界学者和工程技术人员的广泛关注。

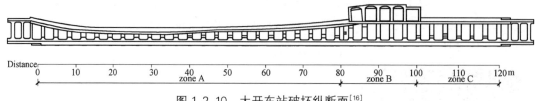

Distance
0 10 20 30 40 50 60 70 80 90 100 110 120m
zone A   zone B   zone C

图 1.2.10 大开车站破坏纵断面[16]

阪神地震使神户市内两条地铁线路中的 5 座地铁车站(大开站、高速长田站、三宫站、上泽站、新长田站)及区间隧道遭受了不同程度的损坏。其中,地铁车站的破坏主要集中在中柱上,出现了大量开裂、混凝土剥落、钢筋弯曲和外露等现象。经地铁车站震害情况调查,中柱的破坏有弯曲破坏和剪切破坏两种较为典型的形式[17]。

图 1.2.11 描述了中柱弯曲破坏的过程。开始阶段,中柱上仅有一些由弯矩引起的水平方向的裂缝;随着地震荷载的增大,水平裂缝开展,结构一侧的表层混凝土开始剥落,露出钢筋;地震荷载的持续增大,造成中柱表层混凝土继续剥落,钢筋内侧混凝土也开始出现裂缝、破坏和钢筋弯曲;最终,整个外层混凝土全部剥落,里侧混凝土也遭到破坏,几乎所有钢筋屈服,破坏呈左右对称形式。有学者[18] 认为,中柱的延性不足造成了弯曲破坏:中柱在反复循环荷载作用下,强度明显下降,塑性铰区域内的混凝土压应力大于其无侧限抗压强度,造成混凝土保护层剥落,进而对搭接的箍筋失去约束作用,无法控制核心混凝土的横向变形,导致压碎区向核心区域扩展,纵向钢筋屈服,最后中柱因无法承载而破坏。

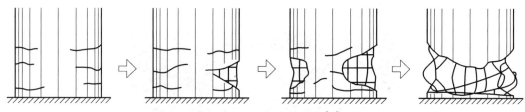

图 1.2.11 中柱弯曲破坏[19]

图 1.2.12 为中柱剪切破坏的过程。首先,中柱上出现了由剪切引起的斜裂缝;在反复地震荷载的作用下,斜裂缝逐渐开展;然后,表层混凝土剥落,轴向钢筋受剪发生弯曲;最终,整个断面沿剪切斜裂缝方向的混凝土全部剥落,钢筋弯曲,柱的斜裂缝以上部分沿裂缝向下滑动,导致整个中柱受剪破坏。阪神地震中,地铁车站多数中柱出现剪切破坏的一个直接原因是在结构设计时,中柱作为铰约束进行分析。实际上,轴向钢筋锚固于梁内部而形成刚性约束,导致地震时弯矩和剪力大于设计值。此外,为承受较大轴力,中柱纵向钢筋配筋率较高,使得弯曲刚度增大,抗剪强度相对降低。

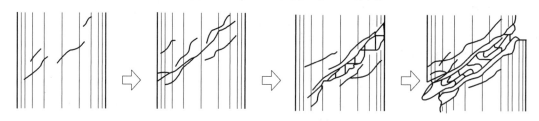

图 1.2.12 中柱剪切破坏[19]

面对如此多的地下结构震害案例，国内外众多学者从各个方向开展了很多针对性的研究，下一节将详细介绍。

1.3 地下结构抗震设计的研究手段

早在 20 世纪 60 年代，美国在隧道工程设计中就考虑了地震的影响，日本土木工程学会（JSCE）于 1975 年发布了《沉管隧道抗震设计规范》（JSCE—1975），开始考虑地下结构抗震设计。根据研究方法的不同，对隧道抗震问题的研究手段大致可分为原型观测、理论研究、数值模拟和模型试验等。目前，还无法采用单一手段完全实现对地下结构地震反应全面而真实的解释和模拟[20]，一般通过原型观测和模型试验来定性地再现实际现象、解释物理机制、推断变化过程、总结特性规律和分析灾变后果。在此基础上建立合理的数理分析模型，发展相应的数值分析方法，再通过模型试验和原型观测结果加以验证。对不同的抗震设计方案进行计算分析，尽可能再现和模拟结构的实际动力反应，研究其抗震性能，提出相应的抗震对策。这是研究和评价地下结构抗震性能较为合理和有效的途径。

1.3.1 原型观测

人类关于地震本身特性及结构地震反应特性的认识，最初都是源于对地震和震害的长期观察和经验积累。原型观测是通过实测地下结构在地震时的响应情况，来了解地下结构的动力特性。地震原型观测是一个长期的工作，通过观测资料的积累建立观测数据库，对各地区地震烈度的划分进行复核和校订。通过分析造成结构物破坏的地震动参数，以及这些参数与震级、距离、场地条件的关系，进而估计未来的地震动强度，优化未来地下结构的抗震和减震设计[21]。

地震过程中观测到的场地和地下结构的变化情况能够最真实地反映观测对象的地震响应特点[22]。早在 1964 年日本就开始在羽田隧道进行地震观测；1970 年，日本在松化群发地震[23,24] 中测定了地下管线动态应变，发现管线与周围地基一起振动，而自身并不发生振动。随后，人们又对明挖隧道、盾构隧道等进行了地震观测，由此得出了"影响地下结构地震反应的因素是地基变形而不是地下结构惯性力"的结论。1975 年，美国 Hamboldt 湾核电厂则是国际上第一个取得强震记录并最早将观测结果与计算结果进行比较的核电厂结构[25]。目前，世界各国的观测资料不断积累，地震台网的建设也为获得更多完整的地震数据提供了可能。

除等待自然地震的发生来获取观测资料外，有学者尝试开展现场足尺试验模拟地震的发生，采集地震观测数据。目前，现场足尺试验有激振试验和爆炸试验两种形式。其中，激振试验一般在低水平振幅下进行，大功率的激振试验装置能够产生较强烈的振动。日本原子力工学试验中心在 1980～1987 年期间在福岛进行了一系列大比例尺模型试验[26]，研究了不同基础尺寸、埋深和激振力对土的非线性、土体-结构物体系基频和阻尼以及相邻结构物的影响。中国台湾也开展过大比例尺的核反应堆混凝土安全壳模型地震观测和激振试验[27]。

尽管国内外许多学者在地震观测方面做了很多工作，但这种研究手段的局限性也是显而易见的：一方面，由于观测技术的限制，使得强震观测所取得的地震动资料主要来自地表面，在地下深部及埋设在该处的地下结构范围所取得的资料十分有限；另一方面，地震的准确预见性差，有目的的强震观测难以人为驾驭进度，等待周期长，使观测资料的采集更加困难。因此在有限的地震观测资料的基础上，国内外更多的学者开展了理论与数值研究工作。

1.3.2　理论与数值研究

地下结构抗震理论是在地上建筑结构抗震理论的基础上发展而来的。根据研究理论基础的不同，隧道结构抗震理论研究方法可分为土-结构相互作用法和波动法两个大类：前者是以求解结构运动方程为基础，通过某些假定条件将隧道结构和周围土层简化，将土体的作用等效为弹簧和阻尼连同结构进行分析；后者是以求解波动方程为基础，将地下结构视为半无限弹性体介质中孔洞的加固区，以整个系统为分析对象。以上述两种设计思想为基础衍生出了众多的理论和数值研究方法，如图1.3.1所示。下面将分别介绍。

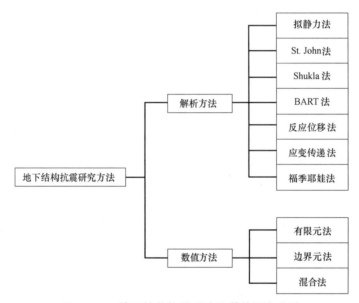

图 1.3.1　地下结构抗震理论和数值研究方法

（1）拟静力法

拟静力法是把地震作用以惯性力的方式施加到结构上，然后采用静力学方法考虑地震荷载对结构的影响。地震惯性力 F 可表示为

$$F=(a/g) \cdot Q \tag{1.3.1}$$

其中，a 为作用于结构的地震加速度，g 为重力加速度，Q 为结构自重。由于忽略了土体约束的影响，采用该方法计算的结构内力一般偏大，该方法更适用于刚度较大而变形较小的地下结构[28]。

（2）St. John 法

该方法是一种拟静力分析方法，以弹性地基梁模型来解释土与结构的相互作用问题。假定地震波传递到地下结构时，结构受地震作用产生弯曲、横向和轴向三种变形模式。隧道受不同入射角地震波作用时的变形模式如图1.3.2所示，不同类型地震波的作用模式见

表 1.3.1。St. John 法在考虑隧道的土-结构相互问题时，引入了柔度比的概念。柔度比 F 可表示为

$$F = \frac{2E(1-\gamma_1^2)R^3}{E_1(1-\gamma)t^3} \tag{1.3.2}$$

其中，E 和 γ 分别为土体的弹性模量和泊松比，E_1 和 γ_1 为结构的弹性模量和泊松比，R 和 t 分别为衬砌的半径和厚度。St. John 法认为：当柔度比大于 20 时，认为土体与结构不发生相互作用，衬砌材料为完全柔性体，结构随土体一起运动；当柔度比小于 20 时，认为结构对周围土体的振动有影响，需要考虑土体与地下结构的相互作用[29]。

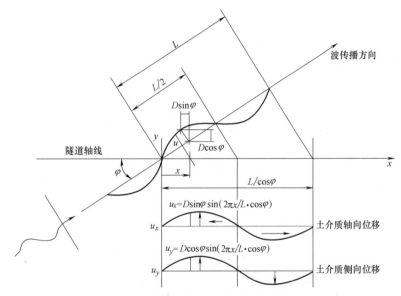

图 1.3.2　斜入射地震波引起的隧道变形模式

地震波类型	轴向应变	正应变（垂直于轴向）	剪应变	曲率
不同地震波类型引起的隧道变形				表 1.3.1
P 波	$\dfrac{V_P}{C_P}\cos^2\varphi$	$\dfrac{V_P}{C_P}\sin^2\varphi$	$\dfrac{V_P}{C_P}\sin\varphi\cos\varphi$	$\dfrac{a_P}{C_P^2}\sin\varphi\cos^2\varphi$
S 波	$\dfrac{V_S}{C_S}\sin\varphi\cos\varphi$	$\dfrac{V_S}{C_S}\sin\varphi\cos\varphi$	$\dfrac{V_S}{C_S}\cos^2\varphi$	$\dfrac{a_S}{C_S^2}\cos^3\varphi$
Rayleigh 波压缩分量	$\dfrac{V_{RP}}{C_R}\cos^2\varphi$	$\dfrac{V_{RP}}{C_R}\sin^2\varphi$	$\dfrac{V_{RP}}{C_R}\sin\varphi\cos\varphi$	$\dfrac{a_{RP}}{C_R^2}\sin\varphi\cos^2\varphi$
Rayleigh 波剪切分量	—	$\dfrac{V_{RS}}{C_R}\sin\varphi$	$\dfrac{V_{RS}}{C_R}\cos\varphi$	$\dfrac{a_{RS}}{C_R^2}\cos^2\varphi$

（3）Shukla 法

Shukla 等[30] 基于弹性地基梁理论，建立了考虑土-结构相互作用的地下结构计算模型。该方法假定地震波对长大地下结构的影响表现在两个方面：一方面，在垂直于结构轴线的截面内产生横向应力；另一方面，在平行于地下结构轴线方向上产生轴向应力和弯曲应力。基于假定，建立了两个不同受力方式的计算模型：

① 拉伸模型。以土质点的运动方程为基础，建立地下结构的运动方程，求解方程并求得结构的最大拉应变和最大拉力；

② 弯曲模型。建立土体变形按自由场运动和土体结构弯曲位移方程，利用边界土体变形方程中所给的土体位移，根据边界条件的对称性求解弯曲位移方程，最终得到地下结构的最大受弯曲率、最大变形、最大转角和最大弯矩。

（4）BART 法

该方法是 20 世纪 60 年代美国修建旧金山湾区快速路（简称 BART）时采用的地下结构抗震设计准则，包括结构抗震特性、变形限制、土体不连续影响、内部构件、附属构件、细部结构、土压力、临时结构等抗震设计内容。设计时，假定土体在地震过程中不会失去整体稳定性，地震只引起地下结构的振动效应，且结构变形是由土体变形引起的，二者变形协调[31]。BART 法提出地下结构应具有吸收变形的延性且不丧失承载能力，相较于之前的地下结构抗震理论有一定进步。

（5）反应位移法

20 世纪 70 年代日本学者在地震观测中发现，对地下结构地震反应起决定性作用的不是惯性力，而是周围岩土介质的变形。以此为基础提出了反应位移法[32,33]，后来经过不断改进和发展，总结出了纵向分析和横向分析两种方法：

① 纵向反应位移法将线状结构物简化为弹性地基梁，将地震时的地基位移作为已知条件施加在弹性地基上，求解梁上产生的应力和变形，从而得到地下结构的地震反应。

② 横向反应位移法将结构的横截面简化为梁单元框架，将地基变形的位移通过地基弹簧强制施加在结构上。

如今，反应位移法已广泛应用于地下结构抗震设计中。其中横向反应位移法发展了多种计算形式，但各种计算形式一致认为，在计算分析时需采用地基弹簧模拟结构周围土层，并考虑土层相对位移、结构惯性力和结构周围剪力三种简化地震作用，计算模式如图 1.3.3 所示。

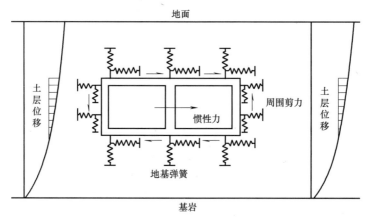

图 1.3.3　横向反应位移法计算模式

（6）应变传递法

日本学者通过对地下管道、海底隧道等工程的地震观测发现：地下结构地震作用下的应变波形与周围介质的应变波形几乎完全相似。因此根据此相似关系提出了应变传递

法[28]，可表示为

$$\varepsilon_s = a \cdot \varepsilon_g \tag{1.3.3}$$

其中，ε_s 为地下结构的动应变，ε_g 为无地下结构时场地的动应变，a 为应变传递率系数，随地下结构的形状、刚度以及周围场地土体刚度而变化，与地震动的频率、波长无关。

(7) 福季耶娃法

苏联学者福季耶娃认为，只要 P 波或 S 波波长大于隧道洞径的 3 倍，隧道埋深大于洞径的 3 倍，隧道长度大于洞径 5 倍时，就可以将隧道抗震问题简化为围岩承受一定荷载的弹性力学平面问题[34]。如果基岩土体为线弹性介质，则地震发生时产生的隧道围岩应力和衬砌内力可通过线弹性理论动力学来解决。

(8) 有限元法

有限元法求解地下结构的地震反应问题，是通过对结构和周围有限域内土体的波动方程分别进行离散，利用达朗贝尔原理构建体系的动力方程为

$$[M]\{\ddot{U}\} + [C]\{\dot{U}\} + [K]\{U\} = \{P\} \tag{1.3.4}$$

动力有限元法能够处理介质的各向异性、材料的非线性以及各种不同的边界条件等复杂问题，因而得到广泛应用。但地下结构的地震反应问题实际上是半无限域内的波动问题，而有限元将其作为有限域的问题来处理，实际上在计算过程中存在一定的误差。为了减小误差，许多学者对有限域的边界进行了处理，提出了许多人工边界。常见的有阻尼边界、近轴边界、叠加边界、透射边界等，将人工边界与有限元结合用于地下结构抗震分析能够取得比较理想的效果。

(9) 边界元法

边界元法是应用格林定理，通过基本解将支配物理现象的域内微分方程变换成边界上的积分方程，然后在边界上离散化数值求解。边界元法最显著的优点是使基本求解过程的维数降低了一阶，同时单元网格划分的数量显著减少，对于无限域的问题特别适合。因此，在地下结构的三维地震反应分析中得到了广泛的应用。

在边界元法中，矩阵元素分量的计算要比有限元法多很多，对复杂边界的处理也没有有限元法灵活。另外，在边界元法中各个不同的有界区域必须当作均质处理。如果目标模型非均质性很强，以致必须使用大量的小均质区才能适当模拟时，边界元区域性边界格式就变成了全物体子域剖分的格式，此时边界元在格式上已接近有限元。

(10) 混合法

由于有限元法和边界元法在求解地下结构的地震反应时各有优点和不足，许多学者将有限元和边界元进行分区耦合使用。混合法是将地下结构或结构与其附近一定范围内的土体用有限元模拟，而将其他区域用边界单元模拟，然后根据边界处的协调条件来形成整个体系的运动方程。

1.3.3 试验研究

在地下结构抗震问题的研究中，为了验证理论和数值计算模型的合理性、研究结构地震响应机制，模型动力试验开始成为一种不可或缺的研究手段。目前，地下结构地震响应的模型试验主要包括离心机模型试验和振动台模型试验。

（1）离心机模型试验

土工离心机通过高速旋转增加模型的重力加速度，使试验模型的土体产生与原型相同的自重应力，能够合理模拟原型土的应力场。离心机试验模型和工程原型变形相似、破坏机理相同，这种试验手段受到了国内外学者的普遍认可。

1993 年，英美 7 所大学合作历时 4 年完成的 VELACS 项目[35] 是土工抗震领域的一个重要的进步，该项目对 9 种不同边值问题进行离心机振动台试验和有限元数值模拟，系统研究了离心机振动台的试验方法，验证了两相介质动力有限元数值模拟的正确性。

Sun[36] 针对处于液化场地的地下管线开展了离心机振动台试验；陈正发等[37] 开展了黏土场地的地铁区间隧道模型离心机振动台试验；刘光磊[38] 设计并实施了可液化砂土场地中地铁区间隧道模型离心机振动台试验，研究了饱和砂土的地震反应、地铁区间隧道的上浮情况和动力变形特性等问题。

尽管取得了很多研究成果，但离心机振动台试验也存在很多自身的问题。土工离心机振动台尺寸较小，而一般地下结构尺寸较大，导致试验模型的几何尺寸相似比较小，其他关键物理量的相似关系匹配困难。因此，很多研究人员更愿意开展大型振动台试验来研究地下结构的动力特性。

（2）振动台模型试验

相对于离心机振动台试验，振动台试验法能更好地把握地下结构的地震反应以及地下结构与地基之间的相互作用特性等问题，也可为数值模拟的可靠性提供验证，因此得到了比较广泛的应用。

早在 20 世纪 70 年代就有学者通过振动台试验研究隧道的地震反应。Goto 等（1973）[39] 采用横截面 8cm×8cm 的橡胶棒模拟沉管隧道，以明胶材料模拟场地土开展了振动台试验。该试验使用刚性模型箱，长、宽、高分别为 1.5m、1.0m 和 0.4m。试验采用随机地震波输入，试验结果与解析结果基本一致。

为研究地下结构的破坏原理，Iwatate 等（2000）[40] 以日本 Daikai 车站为研究对象开展了振动台试验。根据试验要求设计了特殊的层状剪切模型箱来模拟理想的场地横向剪切运动，如图 1.3.4（a）所示。模型场地由干燥的细砂模拟，且分为两层：上层厚度

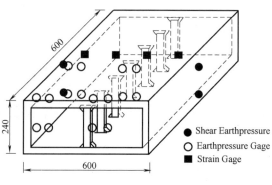

(a)   (b)

图 1.3.4　Daikai 车站振动台试验（Iwatate, et al., 2000）[40]

(a) 模型箱；(b) 地铁车站模型

0.4m，下层为厚度 0.6m 的持力层。Daikai 车站模型采用聚氯乙烯树脂制作，几何相似比 1/30。模型长、宽均为 60cm，高度 24cm，模型内设置 7 根中柱，如图 1.3.4（b）所示。中柱与结构顶、底板的连接采用固接和铰接两种方式。试验于水平方向输入按照相似比压缩过的 Kobe 波。通过试验结果分析总结出 Daikai 车站倒塌的原因：

① 车站结构受横向水平地震力作用发生剪切变形，超过 100gal 的地震动导致结构和场地发生相对滑动；

② 中柱应变比侧墙大 5 倍，且铰接对于减少中柱损伤更为有利；

③ 地震发生时，车站中柱倒塌和顶板塌落是由于中柱没有足够的抗剪能力。

季倩倩（2002）[41]、杨林德等（2004）[42] 针对软土地区地铁车站结构开展了振动台模型试验。该试验采用刚性模型箱，箱体内壁粘贴聚苯乙烯泡沫塑料板以减小地震波在模型箱边界的反射。试验场地土选取原状粉质黏土，地铁车站模型采用微粒混凝土和镀锌钢丝分别模拟实际工程中的混凝土和钢筋。试验结果表明，车站结构具有足够的抗震整体稳定性，但结构模型中柱应变相对较大，这与 Daikai 车站的震害表现相似。

陈国兴等（2007a；2007b）[43,44] 通过振动台试验研究了土-地铁隧道的动力相互作用。试验的几何相似比为 1/25，刚性模型箱尺寸 4.5m×3m×1.8m，如图 1.3.5 所示。为模拟实际场地状况，模型场地土分三层：顶层和底层为粘土层，中间层为饱和粉细砂层，场地土总厚度 1.6m。隧道结构模型采用微粒混凝土制作，采用镀锌钢丝模拟结构中的配筋。试验发现：隧道结构的最大应变出现在洞顶和洞底呈 45°角位置处；试验中模型场地出现冒水、冒砂等液化现象，地表处发生震陷和地裂等震害现象，同时发现模型结构上浮；地震引起的隧道上的附加地震应力在地震结束后不能消除。

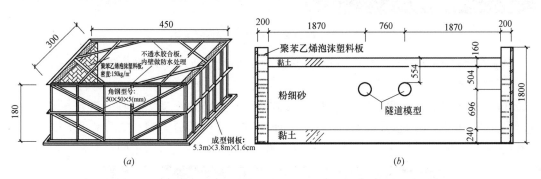

图 1.3.5　土-地铁隧道动力相互作用振动台试验（陈国兴等，2007a）[43]
（a）模型箱；（b）试验横断面

申玉生等（2009）[45] 开展了强震区山岭隧道振动台模型试验。试验模型的几何相似比为 1/30，模型箱尺寸 2.5m×2.5m×2m，为刚性模型箱，箱底铺设碎石增大模型场地与模型箱的摩擦阻力。隧道模型的围岩用粉煤灰、河砂和机油模拟，衬砌由石膏、石英砂、重晶石和水拌合制成。振动试验后发现：洞口段模型土表层裂缝呈"X"形分布；洞身段隧道拱顶衬砌内缘和边墙中部出现拉裂性裂缝，仰拱中部出现压裂性裂缝，隧道进出口处出现环向裂缝，结构破坏特征与汶川地震隧道震害形态相似。

其他学者如宫必宁等（2002）[46]、车爱兰等（2006）[47]、李凯玲等（2007）[48]、Moss 和 Crosariol（2013）[49] 针对不同的隧道、地铁车站等地下结构开展了振动台试验，这里不再一一赘述。

（3）多点非一致振动台试验

上述众多大型振动台试验，一般情况下只能研究地铁车站结构和隧道结构的横向激励地震响应。对于细长状地下结构纵向动力特性的研究，一般的振动台设备无能为力。近年来，国内外出现了越来越多的大型振动台台阵，很多学者用以研究非一致地震激励下细长状地下结构的动力响应。

Chen 等（2010）[50] 运用重庆交通科学研究院的双振动台系统开展了综合管廊非一致振动台试验，如图 1.3.6 所示。试验使用两个独立的剪切模型箱，两箱分别固定在两个振动台上。模型箱端部开洞，管廊模型两端均穿过开洞深入模型箱内的场地中，而中部悬空暴露在外。试验在两振动台上输入的地震波考虑空间非一致激励的影响，试验结果认为非一致激励对结构的影响比一致激励更大。

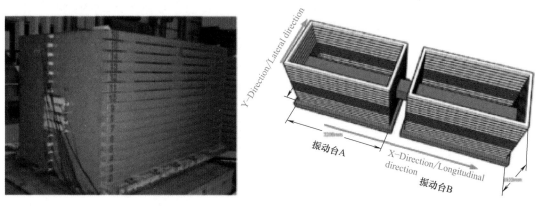

图 1.3.6　综合管廊非一致振动台试验

Yan 等（2015，2016）[51-52] 利用同济大学多功能振动台实验室的四台面振动台系统开展了超长沉管隧道模型试验，如图 1.3.7 所示。试验使用节段式模型箱共计 12 个，总长 40m；采用锯末和砂按一定比例混合配制出与原型场地土动力特性相匹配的模型土；根据土-结构相对刚度比相似这一概念，设计和制作了包括剪力键、GINA 止水带、预应力拉索等结构细节的节段式沉管隧道模型。非一致激励地震荷载通过四台面输入，相邻台

图 1.3.7　超长沉管隧道非一致振动台试验

面输入之间存在一定的时间差,地震波通过节段式模型箱传递。试验重点研究了沉管隧道管节的非一致动力特性和管节接头在不同地震荷载下的表现,评估了沉管隧道的地震安全性。

1.4　本书的内容安排

本书对现行地下结构抗震设计规范进行了全面梳理,对常态化的盾构隧道、明挖车站和地下空间结构开展了一系列的抗震性能分析和研究,对工程的抗震安全性进行了评价并提出了性能化的发展方向,具体内容如下:

第 1 章绪论:首先介绍了地下结构的发展历史和我国现代化地下结构的发展现状,并引出地下结构抗震设计目前存在的问题;然后介绍了国内外隧道结构和明挖车站结构的震害情况;接着从原型观测、理论与数值研究、试验研究等三个方面介绍了地下结构抗震设计的研究现状;最后介绍了本书的内容安排。

第 2 章现行地下抗震规范辨析:首先介绍了我国地下结构抗震设计规范的发展现状;然后从抗震设防分类、设防水准和设防目标等梳理了不同地下结构抗震设防的一致性与差异性;接着以国内规范和日本规范为研究对象,对比分析了两国盾构隧道抗震设计的差异;最后将明挖地下结构抗震规范与桥梁抗震规范、高层建筑规范进行对比,分析现行地下结构抗震设计规范的优势和不足。

第 3 章盾构隧道抗震:首先从抗震设防分类、抗震计算方法和抗震验算三个方面辨析了国内盾构隧道抗震设计规范的异同,并提出了目前存在的问题;然后分别从整体变形、局部变形、计算方法、初始变形的角度研究目前盾构隧道抗震计算判断标准的不足;最后分别分析了深层调蓄隧道、矩形盾构隧道和盾构隧道内部预制结构三种特殊结构的地震响应特征,并评估了工程的抗震安全性。

第 4 章明挖车站结构抗震:首先基于明挖地下结构抗震规范的基本规定,统计分析了其"大震可修"变形指标的合理性,并采用 Pushover 方法对比分析了地铁车站结构与框架结构的损伤破坏顺序与耗能机制,进一步辨析了规范中变形指标的合理性;然后对不同抗震设防区的典型地铁结构开展抗震分析,通过分析结果辨析地下结构抗震规范中设防目标的合理性;最后分别分析了桥站合建、中庭式地铁车站两种特殊结构的地震响应。

第 5 章地下空间结构抗震:首先调查了地下结构抗震设计规范在地下空间抗震设计中的应用情况,并针对规范中的不合理性和缺陷给出了建议;然后分析了目前常用的专业设计软件在地下结构抗震设计中的适应性,并对比分析了专业设计软件和通用有限元软件在抗震分析中的差异;最后讨论了两种特殊形式的地下空间结构抗震设计的关键点。

第 6 章地下结构抗震研究展望:根据作者多年来的工程经验和研究积累以及对地下结构行业的理解,提出了地下结构抗震在未来可能的发展方向和研究热点,为业内人士将来在该领域的研究提供了思路。

第2章 现行地下结构抗震标准辨析

2.1 引言

已有研究表明，地震发生时释放的巨大能量是造成建筑物破坏的主要原因。工程设计时进行科学合理的抗震设防，是消耗地震能量、减轻地震灾害最积极有效的措施。然而，由于地震作用的随机性和人类资源的有限性，不可能无限制地使用资源去保护建筑物不发生地震破坏，需要在兼顾二者的同时进行优化设计[54]。因此，目前的抗震规范即是在平衡地震损失和抗震投入的基础上形成的工程设计指导标准。

早在1915年，日本学者佐野利器就基于美国旧金山地震的震害情况提出了名为"水平震度法"的建筑抗震设计方法。1924年，日本发布了《市街地建筑物法》，要求采用震度法进行建筑物抗震设计。此后抗震设计方法不断发展，由单一水准的生命安全、到多级水准设防发展至目前最先进的基于性能目标的动态设防方法[55-57]。我国紧跟世界的发展，抗震设计规范体系不断向全面化、专业化完善。针对不同用途的建筑结构物（如一般民用建筑物、高层建筑、地铁、桥梁、城市轨道交通、核电站、构筑物等），分别编制了相应的专业化抗震设计规范。不断发展的抗震设计规范在我国工程领域作用重大，但现阶段也存在一些不足。例如，目前在我国各大城市迅速发展的地下空间综合体，结构类型和用途多种多样，但现行的抗震规范规定却过于宽泛，无法完全匹配工程的发展。

基于对我国多个行业地下结构抗震设计规范的梳理工作，本章将针对性地展开辨析：①基于我国地下结构抗震设计规范的发展现状，讨论现行规范的优势和不足；②重点辨析地下结构抗震设防分类、设防水准和设防目标的一致性与差异性；③以盾构隧道的抗震设防为主要研究对象，对比评价国内规范与日本规范在多方面的优劣；④将地下结构与桥梁结构、高层结构的抗震设计规范相比较，找出桥梁和高层建筑抗震设计中可为地下结构借鉴的方法。

2.2 我国地下结构抗震规范的现状

1998年，我国颁布了《中华人民共和国防震减灾法》，此后该法律成为国内编制规范的基础。我国现行的地下结构抗震设计规范涉及建筑、交通、电力、市政等各行业，覆盖范围较广；现行抗震设计规范的特点还表现为先进性，紧跟世界先进的抗震设防和计算方法，积极吸收国内外先进的抗震科研成果；此外，国内对结构抗震尤其是市政地下工程抗震设计越来越重视，除需满足规范的抗震设计要求外，对规模较大、结构形式较复杂的市政地下工程还需开展抗震专项评审。尽管如此，现行抗震设计规范还存在一些不足，例如矛盾性、不统一性和滞后性等。下面将就我国现行抗震规范的积极方面和存在的问题进行论述。

（1）积极的方面

① 全面性

我国现行应用最广泛的抗震设计标准是《建筑抗震设计规范》GB 50011—2010（2016 年版），该规范主要针对不同结构类型的地上民用建筑和部分地下建筑的抗震设计。其中，"地下结构"章节是在 2010 年施行的《建筑抗震设计规范》GB 50011—2010 增加的，迎合了地下工程大量涌现的趋势，使得规范更加完善。除此之外，不同行业和不同地区也编制了专门的抗震设计规范，表 2.1.1 列举了部分现行常用的抗震设计规范，涉及民用建筑、市政工程、轨道交通工程、公路工程、铁路工程等几乎所有建（构）筑物，体现了我国地下结构抗震规范体系的全面性。另有某些规范虽然不是专门的抗震设计标准，但其中包含抗震设计的章节，如《地铁设计规范》GB 50157—2013、上海市《道路隧道设计标准》DG/TJ 08—2033—2017 等。2019 年 4 月 1 日颁布实施的《地下结构抗震设计标准》覆盖范围较广，根据结构特征和分布形式的不同，将当前的地下结构分为 5 大类（图 2.1.1），体现了较好的全面性。

现行部分抗震规范　　　　　　　　　　　　　　　　表 2.2.1

标准名称	标准编号	实施日期	颁布单位
建筑抗震设计规范(2016 年版)[58]	GB 50011—2010	2016.8.1	住建部
水电工程水工建筑物抗震设计规范[59]	NB 35047—2015	2015.9.1	国家能源局
城市轨道交通结构抗震设计规范[60]	GB 50909—2014	2014.12.1	住建部
公路工程抗震规范[61]	JTGB 02—2013	2014.2.1	交通运输部
建筑抗震设计规程[62]	DGJ 08—9—2013	2013.11.1	上海市
建筑机电工程抗震设计规范[63]	GB 50981—2014	2015.8.1	住建部
电力设施抗震设计规范[64]	GB 50260—2013	2013.9.1	住建部
构筑物抗震设计规范[65]	GB 50191—2012	2012.10.1	住建部
底部框架-抗震墙砌体房屋抗震技术规程[66]	JGJ 248—2012	2012.8.1	住建部
城市桥梁抗震设计规范[67]	CJJ 166—2011	2012.3.1	住建部
地下铁道建筑结构抗震设计规范[68]	DG/TJ 08—2064—2009	2010.1.1	上海市
铁路工程抗震设计规范(2009 年版)[69]	GB 50111—2006	2009.12.1	住建部
公路桥梁抗震设计细则[70]	JTG/TB 02—01—2008	2008.10.1	交通运输部
室外给水排水和燃气热力工程抗震设计规范[71]	GB 50032—2003	2003.9.1	住建部
预应力混凝土结构抗震设计规程[72]	JGJ 140—2004	2004.5.1	住建部
高层建筑混凝土结构技术规程[73]	JGJ 3—2010	2011.10.1	住建部
地铁设计规范[74]	GB 50157—2013	2014.3.1	住建部
道路隧道设计标准[75]	DG/TJ 08—2033—2017	2017.11.1	上海市
地下结构抗震设计标准[165]	GB/T 51336—2018	2019.4.1	住建部

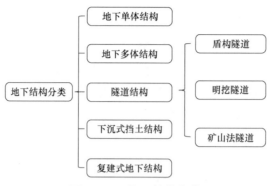

图 2.2.1　地下结构分类

② 先进性

我国的地下结构抗震设计规范紧跟世界抗震设计先进水平。1995 年日本阪神地震造成了大开车站倒塌，这是世界范围内城市地下结构首次遭受重大破坏。之后，日本土木学会为提高地下结构的抗震设计标准，提出了 L1、L2 两阶段地震动设计的设想：L1 地震动遵循以往的抗震设计方法，即地震荷载设计法，同时考虑 L2 地震动作为发生概率低的高强度地震动。我国地下结构一般也采用两阶段抗震设计，2010 年施行的上海市《地下铁道建筑结构抗震设计规范》将地铁地下结构的抗震设防目标设定为"中震不坏、大震可修"，高于地上工民建结构的"小震不坏、中震可修、大震不倒"。此后颁布的各行业地下结构抗震规范纷纷效仿，整体提高了我国的地下结构抗震设防目标。

随着现代化城市的发展，城市人口和建筑密度逐渐增大，地震造成危害的风险也越来越高，社会和公众对建筑抗震性能的需求也逐渐呈现出层次化和多样化的趋势，不再仅满足于现有的三个抗震设防目标要求。因此，20 世纪 90 年代初期，美国的一些学者和工程师开始提出了动态多目标理论，即基于性能的建筑抗震设计理念。我国、日本和欧洲等地的学者对这一理念产生了极大的兴趣，纷纷开展了多方面的研究。在地下结构方面，《城市轨道交通结构抗震设计规范》除规定地下结构整体抗震设防目标外，还针对结构构件提出了专门的抗震性能要求；《地下结构抗震设计标准》提出了 4 个抗震性能等级（表2.2.2），以上均体现了我国抗震规范的先进性。

地下结构的抗震性能要求等级划分　　　　　　　　　表 2.2.2

等级	定　义
性能要求 I	不受损坏或不需进行修理能保持其正常使用功能,附属设施不损坏或轻微损坏但可快速修复,结构处于线弹性工作阶段
性能要求 II	受轻微损伤但短期内经修复能恢复其正常使用功能,结构整体处于弹性工作阶段
性能要求 III	主体结构不出现严重破损并可经整修恢复使用,结构处于弹塑性工作阶段
性能要求 IV	不倒塌或发生危及生命的严重破坏

③ 重要性

中华人民共和国成立以来已多次遭受地震灾害，其中以 1976 年唐山地震和 2008 年汶川地震造成的损失最为严重。两次地震之后，我国学者和工程师迅速总结了震害经验，对当时的抗震设计规范进行了修订。近年来我国基础设施建设如火如荼，其中市政地下工程的规模较大。与一般的民用建筑不同，市政地下工程的设计使用年限较长（一般为 100 年），政府和民众更加重视其安全性。针对市政地下工程，我国除制定了相关抗震规范外，还于 2011 年由住建部发布了《市政公用设施抗震设防专项论证技术要点》。文件规定，总建筑面积超过 10000m² 的城市轨道交通地下车站工程、市政地下停车场、市政隧道和共同沟等均需开展抗震设防专项论证。除此之外，上海市于 2016 年发布了《上海市市政（公路）公用设施抗震设防专项论证管理办法》，规定新建规模较大的室外给排水、燃气、动力、生活垃圾处理工程、地下工程、城镇桥梁工程等均需开展抗震设防专项论证。上述规范和管理办法体现了我国对地下结构抗震设防的重视。

（2）存在的问题

我国的地下结构抗震规范体系还存在着一些亟待解决的问题，具体表现为如下三点：

① 无区别性

目前，我国民用地上建筑工程抗震设防三原则可概括为"小震不坏、中震可修、大震不倒"，主要针对结构功能开展抗震设计。地下工程抗震设计也参考这一设防方法，尽管规范中抗震设防目标有提高，但依然是局限于结构安全的规定，实际上结构的使用安全同样不可忽视。例如，输水盾构隧道在抗震设计中应重视其结构安全，因为相对于结构的受损，隧道的使用安全，即局部渗漏造成的影响可以接受；而排水隧道则相反，一旦发生渗漏将对周围环境造成严重污染，因此对其使用安全的保障更为重要。输水和排水隧道在结构形式上并无大的区别，但使用功能截然不同，抗震设计中如果不予以区别对待，将会产生上述的问题。根据结构不同的使用功能，划分不同的抗震设防指标，这应是抗震设计规范未来的发展方向。

② 不统一性

我国抗震设计规范体系中的另一问题是同种结构在不同规范中的规定不统一。例如，我国现行的专门针对地铁结构的抗震规范有《地铁设计规范》GB 50157—2013、《城市轨道交通结构抗震设计规范》GB 50909—2014 和上海市《地下铁道建筑结构抗震设计规范》DG/TJ 08—2064—2009，但三部规范的抗震设防标准并不一致。

《地铁设计规范》11.8.1 条规定，地铁地下结构的抗震设防类别应为重点设防类；上海市《地下铁道建筑结构抗震设计规范》3.1.1 条规定，除个别重要工程外，地铁建筑的抗震设防类别应划为重点设防类；而《城市轨道交通结构抗震设计规范》3.1.1 条规定，城市轨道交通结构应划分为标准设防类、重点设防类、特殊设防类三个抗震设防类别。相比之下，以《城市轨道交通结构抗震设计规范》的规定更为灵活，其他两个规范限定范围较小。此外，三部规范的抗震设防目标也有差异，如表 2.2.3 和表 2.2.4 所示。

地铁抗震设防性能指标　　　　　　　　　　　　　　　　　　表 2.2.3

规范	性能 I	性能 II	性能 III
《地铁设计规范》	地下结构**不损坏**,对周围环境及地铁的正常运营无影响	地下结构不损坏或仅需对**非重要结构部位**进行**一般修理**,对周围环境影响轻微,不影响地铁正常运营	地下结构主要结构支撑体系**不发生严重破坏**且便于修复,无重大人员伤亡,对周围环境不产生严重影响,修复后的地铁应能正常运营

续表

规范	性能Ⅰ	性能Ⅱ	性能Ⅲ
《城市轨道交通结构抗震设计规范》	不破坏或轻微破坏，应能保持其正常使用功能；结构处于**弹性工作阶段**；不应因结构的变形导致轨道的过大变形而影响行车安全	地震后可能破坏，经修补，短期内能恢复其正常使用功能；结构局部进入**弹塑性工作阶段**	地震后可能产生较大破坏，但**不应**出现局部或整体倒毁，结构处于**弹塑性工作阶段**
上海市《地下铁道建筑结构抗震设计规范》	主体结构**不受损坏**或**不需进行修理**可继续使用	结构的损坏经**一般性修理**仍可继续使用	—

地铁抗震设防目标 表 2.2.4

规范	小震	中震	大震
《地铁设计规范》	性能Ⅰ	性能Ⅱ	性能Ⅲ
《城市轨道交通结构抗震设计规范》	性能Ⅰ	性能Ⅰ	性能Ⅱ
上海市《地下铁道建筑结构抗震设计规范》	—	性能Ⅰ	性能Ⅱ

由表可见，《地铁设计规范》和《城市轨道交通结构抗震设计规范》对应的抗震设防目标有差异，而上海市《地下铁道建筑结构抗震设计规范》仅对中震和大震有规定，不考虑小震的影响。对于地铁结构，《城市轨道交通结构抗震设计规范》规定标准设防类和重点设防类的性能目标均为Ⅰ（小震）、Ⅰ（中震）、Ⅱ（大震），后两级性能目标与上海市《地下铁道建筑结构抗震设计规范》规定类似，但更具目标性，"小震和中震弹性、大震局部弹塑性"这一规定更为具体，有利于工程师的抗震设计工作。相比之下，《地铁设计规范》的规定更为宽松，比《建筑抗震设计规范》"小震不坏、中震可修、大震不倒"的设防目标略高。

此外，盾构隧道在《城市轨道交通结构抗震设计规范》和《地下结构抗震设计标准》中的抗震设防目标也有差异，如表 2.2.5 所示。

盾构隧道抗震设防目标 表 2.2.5

地震	设防类别	性能要求	
		《城市轨道交通结构抗震设计规范》	《地下结构抗震设计标准》
多遇地震 E1	重点设防类	Ⅰ	Ⅰ
	标准设防类	Ⅰ	Ⅱ
设防地震 E2	重点设防类	Ⅰ	Ⅱ
	标准设防类	Ⅰ	Ⅲ
罕遇地震 E3	重点设防类	Ⅱ	Ⅲ
	标准设防类	Ⅱ	Ⅳ

上述内容体现了现行抗震规范的不统一性，工程设计人员在选择上会产生困惑和矛盾。

③ 滞后性

自 1974 年国家建委颁布《工业与民用建筑抗震设计方法》TJ 11—74 以来，我国的抗震设计规范一般 5～10 年进行一次修订。然而，现阶段我国的地下结构正处于快速发展阶段，各种具有新功能和新形式的结构层出不穷，在抗震设计中经常出现新型结构无法在规范中找到依据的现象。例如，为充分利用城市土地和地下空间资源，经常出现诸如高架桥-地铁车站合建、地铁车站-地上高层合建、下沉广场-地下空间合建等特殊地下结构，抗震设计时无法找到适用的规范条款。尽管《地下结构抗震设计标准》提到了合建式结构，但并未给予具体指导。总之，现行地下结构抗震规范存在滞后性。

2018 年颁布的《地下结构抗震设计标准》是目前我国最新的专门针对地下结构的抗震规范，覆盖范围广、设计概念明确，但在某些方面仍存在缺失：(a) 地下结构的施工方式多种多样，规范对某些主流的结构类型未能涉及，如沉管隧道、顶管隧道等。我国已建设完成和正在建设港珠澳大桥沉管隧道、深中通道等重要的大型工程，积累了丰富的经验，沉管隧道目前仍缺乏专门的抗震设计规范指导确实令人遗憾；(b) 地下结构抗震规范中对结构问题非常重视，但对岩土问题较为淡化。地下结构的建设可能遇到各种各样的场地条件，被不同类型土体包围的地下结构在地震过程中可能会产生不同的响应情况，除划分场地类别外，抗震设计规范应给予更加详细的区分；(c) 伴随地下结构受地震破坏而产生的次生灾害也应有相应的抗震措施。

尽管目前的地下结构抗震设计规范还存在一些问题，但从历史的角度看，规范的形成实际是不断发现问题、不断修正问题的过程。通过持续的研究，推动地下结构抗震设计规范的修订，这也是撰写本书的宗旨之一。

2.3 地下结构抗震设防的一致性与差异性

为防御和减轻地震灾害，我国于 1997 年由全国人民代表大会通过了制订《中华人民共和国防震减灾法》的决议，并于 1998 年 3 月 1 日起实施。2008 年汶川地震后，对该法律进行了修订。《防震减灾法》规定：从事防震减灾活动，应当遵守国家有关防震减灾标准。

基于《防震减灾法》的规定，我国建立了法律、行政法规、部门规章、规范性文件和地方规定 5 级条文体系。其中，法律即为《防震减灾法》；部门规章包括《工程建设国家标准管理办法》、《工程建设行业标准管理办法》和《房屋建筑工程抗震设防管理规定》等。标准规范的整体为国家标准体系，由各专业标准的分体系组成，如图 2.3.1 所示。

根据这一专业标准体系，常用的《建筑抗震设防分类标准》属于第一层，即专用基础标准；而《建筑抗震设计规范》属于第二层，即专业通用标准。专业标准的另一个分类层次是根据专业分类，如建筑结构、建筑地基基础、城镇公共交通、城镇道路桥梁等。根据专业分类覆盖的范围较广，各专业之间难免出现交叉和重叠，但编制规范的

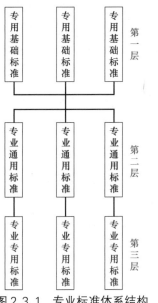

图 2.3.1 专业标准体系结构

单位与各自专业的要求不同。因此，对同类工程，不同专业规范的相关规定难免出现重复和差异，下文将针对这一状况进行讨论。

　　基于工程类别的不同，国家各部委和相关单位在各自专业领域编制了相应的设计规范，其中就有各类工程的抗震设计规范。本书参考了来自工民建、交通、石油、水利、铁道等领域的相关设计规范以及上海市等地方设计规定，主要针对规范中抗震设防分类、抗震设防目标、抗震设防水准的规定进行比较。

2.3.1　抗震设防分类

　　地下建筑种类较多，有的安全要求高，有的使用要求高，有的服务于人流、车流，有的服务于物资储藏，抗震设防应有不同的需求。在我国，工程的抗震设防一般分为 3～4 类。根据所搜集的资料，将不同规范中关于抗震设防分类的规定汇总于表 2.3.1。

抗震设防分类对比　　　　　　　　　　　　　　表 2.3.1

规范	1	2	3	4
建筑工程抗震设防分类标准[76]	特殊设防类	重点设防类	标准设防类	适度设防类
建筑抗震设计规范[58]	特殊设防类	重点设防类	标准设防类	适度设防类
地铁设计规范[74]	—	重点设防类	—	—
城市轨道交通结构抗震设计规范[60]	特殊设防类	重点设防类	标准设防类	
核电厂抗震设计规范[77]	Ⅰ类	Ⅱ类	Ⅲ类	
公路工程抗震规范[61]	高速公路、一级公路	二级公路	三级公路	四级公路
公路隧道设计细则[78]	重要结构	一般结构	次要结构	—
石油化工建(构)筑物抗震设防分类标准[79]	甲类	乙类	丙类	丁类
石油化工构筑物抗震设计规范[80]	甲类	乙类	丙类	丁类
水电工程水工建筑物抗震设计规范[59]	甲类	乙类	丙类	丁类
铁路工程抗震设计规范[69]	A类	B类	C类	D类
铁路隧道设计规范[81]	A类	B类	C类	D类
上海市建筑抗震设计规程[62]	特殊设防类	重点设防类	标准设防类	适度设防类
上海市地下铁道建筑结构抗震设计规范[68]	—	重点设防类	—	—
上海市道路隧道设计标准[75]	—	重点设防类	标准设防类	—
地下结构抗震设计标准[165]	特殊设防类	重点设防类	标准设防类	

　　工程抗震设防分类的指导性规范《建筑工程抗震设防分类标准》将抗震设防分为 4 类，不同的抗震类别基本代表了工程的不同重要程度。各专业的抗震设防分类方式基本依照该规范实施。地下结构规范一般采用 3 类设防标准，如《城市轨道交通结构抗震设计规范》和《地下结构抗震设计标准》只有特殊设防类、重点设防类和标准设防类，而没有适度设防类。《建筑工程抗震设防分类标准》中规定："适度设防类允许比本地区抗震设防烈度的要求适当降低其抗震措施，但抗震设防烈度为 6 度时不应降低。一般情况下，仍应按本地区抗震设防烈度确定其地震作用。"《城市轨道交通结构抗震设计规范》的服务对象是高架区间、高架车

站、隧道与地下车站等工程，这些结构的抗震性能直接影响人的生命安全，因此不适合做抗震措施降低处理。类似地，上海市《地下铁道建筑结构抗震设计规范》将地铁结构的抗震设防分类限定为重点设防类以上，而上海市《道路隧道设计标准》根据隧道等级的不同划分为重点设防类和标准设防类，相比之下体现了地铁建筑结构在城市中的重要地位，以及不同行业地下结构抗震设防标准的差异性。同理，鉴于地下结构设计使用年限长、损坏修复困难，《地下结构抗震设计标准》中也只有标准设防类以上的抗震设防类别。

随着我国经济的发展，工程种类越来越丰富，工程规模也越来越大。工程的发展需要规范的更新速度跟上工程建设的步伐，不断扩充和调整规范的内容。以《公路工程抗震规范》为例，1989 年版规范中的抗震要求和规定基本与当时的工程设计和建设水平相匹配。然而，随着我国隧道工程的快速发展，根据工程所在场地环境的不同，出现了各种新型结构形式，如特长复杂地质环境下修建的隧道、跨越浅海或河流的大型水下隧道等，其规模是以往无法比拟的。因此，为匹配隧道工程的设计和建设，需要对原有的抗震设防分类进行扩充和调整，《公路工程抗震规范》修正如表 2.3.2 所示。

公路隧道抗震设防分类　　　　　　　　　　　　　　　　　表 2.3.2

抗震设防类别	适用范围
A	国家干线公路上的长、特长水下隧道
B	国家干线公路中、短水下隧道；高速公路隧道与一级公路隧道；连拱隧道；三车道及以上跨度的公路隧道；特长公路隧道 $L \geqslant 3000\mathrm{m}$；地下风机房
C	双车道的二级公路隧道；双车道的三级公路隧道；四级公路上 $L > 1000\mathrm{m}$ 的隧道；斜井、竖井及联络风道等通风构造物
D	四级公路上长度 $L \leqslant 1000\mathrm{m}$ 的中短隧道；斜井、竖井及平行导坑等施工辅助通道

现行《公路工程抗震规范》JTG—B02—2013 规定，A 类隧道为重要性高的大型水下隧道；B 类隧道涵盖了 89 版规范中的 A 类隧道和 B 类中的重要隧道，以及重要性低的水下隧道；C 类隧道包括 89 版规范中的 B 类一般隧道和 C 类重要隧道，以及重要的辅助通道；D 类隧道覆盖了 89 版规范中的 D 类隧道和非重要的辅助通道。由此可见，根据工程建设的发展，对抗震设防分类相应的扩充和调整，使抗震设防与近年来涌现的新型工程更好地匹配是很有必要的。

2.3.2　抗震设防水准和设防目标

在工民建领域，我国根据现有的科学水平和经济条件，对建筑抗震提出了"三水准"的设防目标，即通常所说的"小震不坏、中震可修、大震不倒"。而抗震设防目标在地下工程领域普遍高于工民建地上结构，且不同行业的地下结构抗震设防目标也不一致，表 2.3.3 汇总了不同行业的不同抗震设防目标。

抗震设防目标汇总　　　　　　　　　　　　　　　　　　表 2.3.3

规　范	抗震设防目标
上海市地下铁道建筑结构抗震设计规范	1. 当遭受相当于本地区抗震设防烈度的地震响应时，主体结构不受损坏或不需进行修理可继续使用； 2. 当遭受高于本地区抗震设防烈度的预估的罕遇地震影响时，结构的损坏经一般性修理仍可继续使用

规 范	抗震设防目标
城市轨道交通结构抗震设计规范	性能要求Ⅰ:地震后不破坏或轻微破坏,应能保持其正常使用功能;结构处于弹性工作阶段;不应因结构的变形导致轨道的过大变形而影响行车安全; 性能要求Ⅱ:地震后可能破坏,经修补,短期内应能恢复其正常使用功能;结构局部进入弹塑性工作阶段; 性能要求Ⅲ:地震后可能产生较大破坏,但不应出现局部或整体倒毁,结构处于弹塑性工作阶段
地铁设计规范	1. 当遭受低于本工程抗震设防烈度的多遇地震影响时,地下结构不损坏,对周围环境及地铁的正常运营无影响; 2. 当遭受相当于本工程抗震设防烈度的地震影响时,地下结构不损坏或仅需对非重要结构部位进行一般修理,对周围环境影响轻微,不影响地铁正常运营; 3. 当遭受高于本工程抗震设防烈度的罕遇地震(高于设防烈度1度)影响时,地下结构主要结构支撑体系不发生严重破坏且便于修复,无重大人员伤亡,对周围环境不产生严重影响,修复后地铁应能正常运营
公路工程抗震规范	1. 经一般整修即可正常使用; 2. 经短期抢修即可恢复使用; 3. 保证桥梁、隧道及重要的构筑物不发生严重的破坏
城市桥梁抗震设计规范	1. 立即使用,结构总体反应在弹性范围,基本无损伤; 2. 不需修复或经简单修复可继续使用,可发生局部轻微损伤; 3. 经抢修可恢复使用,永久性修复后恢复正常运营功能,有限损伤; 4. 经临时加固,可供紧急救援车辆使用,不产生严重的结构损伤; 5. 不致倒塌
建筑抗震设计规范	1. 当遭受低于本地区抗震设防烈度的多遇地震影响时,主体结构不受损坏或不需修理可继续使用; 2. 当遭受相当于本地区抗震设防烈度的设防地震影响时,可能发生损坏,但经一般性修理仍可继续使用; 3. 当遭受高于本地区抗震设防烈度的罕遇地震影响时,不致倒塌或发生危及生命的严重破坏
公路隧道设计细则	1. 一般不受损坏或不需修复可继续使用,隧道结构在弹性范围工作; 2. 可发生局部轻微损伤,不需修复或经简单修复可继续使用,隧道结构某处进入塑性状态; 3. 应保证不致坍塌,经临时加固后可供维持应急通行,隧道结构出现的塑性铰不多于3处
构筑物抗震设计规范	1. 当遭受低于本地区设防烈度的地震影响时,一般不致损坏或不需修理仍可继续使用; 2. 当遭受本地区设防烈度的地震影响时,可能损坏,但经一般修理或不需修理仍可继续使用; 3. 当遭受高于本地区设防烈度一度的地震影响时,不致倒塌或发生危及生命或导致重大经济损失的严重破坏

续表

规　　范	抗震设防目标
建筑工程抗震设防分类标准	性能1,基本完好 性能2,轻微破坏 性能3,加固后使用 性能4,大修后使用
核电厂抗震设计规范	1. 当遭受相当于运行安全地震动的地震影响时,应能正常运行; 2. 当遭受相当于极限安全地震动的影响时,应能确保反应堆冷却剂压力边界完整、反应堆安全停堆并维持安全停堆状态,且放射性物质的外溢不超过国家规定限值
上海市建筑抗震设计规程	1. 当遭受低于本地区抗震设防烈度的多遇地震影响时,主体结构不受损坏或不需修理可继续使用; 2. 当遭受相当于本地区抗震设防烈度的设防地震影响时,可能发生损坏,但经一般性修理仍可继续使用; 3. 当遭受高于本地区抗震设防烈度的罕遇地震影响时,不致倒塌或发生危及生命的严重破坏
室外给水排水和燃气热力工程抗震设计规范	1. 当遭遇低于本地区抗震设防烈度的多遇地震影响时,一般不致损坏或不需修理仍能继续使用; 2. 当遭遇本地区抗震设防烈度的地震影响时,构筑物不需修理或经一般修理后仍能继续使用,管网震害可控制在局部范围内,避免造成次生灾害; 3. 当遭遇高于本地区抗震设防烈度预估的罕遇地震影响时,构筑物不致严重损坏,危及生命或导致重大经济损失,管网震害不致引发严重次生灾害,并便于抢修和迅速恢复使用
铁路工程抗震设计规范	性能要求Ⅰ:地震后不损坏或轻微损坏,能够保持其正常使用功能;结构处于弹性工作阶段; 性能要求Ⅱ:地震后可能损坏,经修补,短期内能恢复其正常使用功能;结构整体处于非弹性工作阶段; 性能要求Ⅲ:地震后可能产生较大破坏,但不出现整体倒塌,经抢修后可限速通车;结构处于弹塑性工作阶段
地下结构抗震设计标准	性能要求Ⅰ:不受损坏或不需进行修理能保持其正常使用功能,附属设施不损坏或轻微损坏但可快速修复,结构处于线弹性工作阶段; 性能要求Ⅱ:受轻微损伤但短期内经修复能恢复其正常使用功能,结构整体处于弹性工作阶段; 性能要求Ⅲ:主体结构不出现严重破损并可经整修恢复使用,结构处于弹塑性工作阶段; 性能要求Ⅳ:不倒塌或发生危及生命的严重破坏

《建筑抗震设计规范》提出的"不坏""可修"和"不倒"这三个抗震设防目标也是其他行业制定抗震设防目标的基础。其中,"不坏"和"不倒"这两个目标较为明确,而"可修"状态的表述较为笼统,在"不坏"和"不倒"之间没有明显的界定,且"可修"涵盖的范围也过于宽泛。例如,民建框架结构的填充墙损坏可称为"可修",而梁、柱等结构构件损坏但未倒塌时,亦可称为"可修",但两种状态的破坏程度差别明显。因此,明确"中震可修"的真正含义,研究"中震可修"的真实状态是今后非常值得研究的课

题，本书第 4 章重点讨论了地下结构的"可修"状态。

与《建筑抗震设计规范》相比，《公路隧道设计细则》中的规定相对更具体："可修"状态为隧道结构局部进入塑性状态；"不倒"状态由隧道结构上出现的塑性铰的数量决定。因此，基本可明确判断隧道结构所处的状态。除"三水准"抗震设防目标外，《城市桥梁抗震设计规范》规定了"五水准"的抗震设防目标，除"不坏"和"不倒"外，将"可修"状态细化为三个设防水准。

《室外给水排水和燃气热力工程抗震设计规范》也为三水准设防，除结构性能目标外，还有避免次生灾害的规定。给排水、燃气隧道遭受强震破坏可能导致泄露，产生严重的次生灾害。因此，设防目标要包括在遭遇设防烈度地震和罕遇地震时，避免和减轻次生灾害的要求。考虑到目前对地震规律和市政管道地震破坏机理认识的局限性，以及我国的具体国情，要在强震时完全避免某些局部损坏，将导致工程设计很不经济，且目前在技术上也有一定困难。因此，较为理想的设防目标是允许有轻微损坏，但必须保证不能发生严重的次生灾害。不同行业的地下结构除需要有结构抗震性能的设防目标外，还要有对周围环境不发生严重影响的设防目标，这也是今后各行业结构抗震设防目标行之有效的保证。

《城市轨道交通结构抗震设计规范》《地下结构抗震设计标准》等规范没有明确设防目标，而是设定了若干性能要求，这些要求包括但不限于"不坏""可修"和"不倒"，根据结构设防类别的不同而选择不同的性能目标。这种方法可认为是初步的性能化设计，是性能化设计在地下结构抗震设计中很好的尝试。如果能根据地下结构的使用功能、使用安全等方面的特点，制订更细化、更明确的设防目标，则可以使地下结构的抗震设计工作具有更强的针对性。

2.4 盾构隧道抗震设防的对比研究

盾构法隧道是目前我国地下工程建设中常见的类型，多用于城市地下道路、地铁区间隧道等，具有对周围环境影响小的优点。我国现行适用于盾构隧道抗震设计的规范主要有《城市轨道交通结构抗震设计规范》GB 50909—2014、《地铁设计规范》GB 50157—2013、上海市《地下铁道建筑结构抗震设计规范》DG/TJ 08—2064—2009、上海市《道路隧道设计标准》DG/TJ 08—2033—2017、《地下结构抗震设计标准》GB/T 51336—2018 等。国际上，日本对盾构隧道抗震设计的研究较早，工程抗震技术也更加成熟。本节将对中、日盾构隧道抗震设防进行对比分析，表 2.4.1 列出了部分国内规范和日本规范在抗震设防方面的对比。

盾构隧道抗震设防比较　　　　　　　　　　　　　　　　　　表 2.4.1

规范	地震水准	结构状态分级	设防目标(乙类)
《城市轨道交通结构抗震设计规范》	小震、中震、大震	不坏:弹性 可修:局部弹塑性	小震不坏、中震不坏、大震可修
《地铁设计规范》	小震、中震、大震	不坏:弹性 小修:非重要结构部位一般修理 大修:主要结构支撑体系可修	小震不坏、中震小修、大震大修

续表

规范	地震水准	结构状态分级	设防目标(乙类)
上海市《地下铁道建筑结构抗震设计规范》	中震、大震	不坏、可修	中震不坏、大震可修
上海市《道路隧道设计标准》	中震、大震	不坏:弹性 可修:局部弹塑性	中震不坏、大震可修
《地下结构抗震设计标准》	小震、中震、大震、极大震	不坏:线弹性 小修:整体弹性 大修:弹塑性 不倒塌	小震不坏、中震小修、大震大修
日本《盾构隧道的抗震研究及算例》[82]	L1:重现期 50～100 年 L2:从过去到现在该地所具有的最大强度地震动	不坏、小修、大修、不倒	根据使用功能和重要性进行组合

　　《城市轨道交通结构抗震设计规范》GB 50909—2014 中盾构隧道设计应符合规定:在小震、中震和大震作用下,结构性能要求分别为Ⅰ、Ⅰ、Ⅱ(Ⅰ为不坏,Ⅱ为可修)。因此,设防目标可概括为"小震不坏、中震不坏、大震可修";《地铁设计规范》GB 50157—2013 的设防目标可归纳为"小震不坏、中震小修、大震大修";上海市《地下铁道建筑结构抗震设计规范》DG/TJ 08—2064—2009 的设防目标则是"中震不坏、大震可修";上海市《道路隧道设计标准》的设防目标与《城市轨道交通结构抗震设计规范》类似;《地下结构抗震设计标准》GB/T 51336—2018 增加了"极大震"这一地震水准(地震重现期 10000 年),乙类结构的设防目标为"小震不坏、中震小修、大震大修",甲类和丙类在这一原则的基础上相应上调和下调抗震设防目标,但盾构隧道多为乙类设防。国内盾构隧道的设防目标多为两阶段或三阶段,且基本是固定的,不同用途的隧道差异很小。

　　相对于我国规范,日本盾构隧道的抗震设防设更重视工程所在地区的状况:地震动分为 L1 和 L2 两个级别,L1 为假设盾构隧道在投入使用期间发生 1～2 次的地震动;L2 为从过去到现在该地所具有的最大强度地震动,在意义上类似于我国规范中的设防烈度地震。然而,我国的设防烈度地震并没有专门考虑每个地区的地震历史情况,而是根据我国65 个具有代表性的城镇的地震发生概率统计分析得到[83](其中华北地区 16 个、西北地区 13 个、西南地区 16 个和新疆地区 20 个)。对比可见,日本的盾构隧道抗震设计更具有针对性,但我国抗震规范考虑超过设防烈度地震的大震的影响,具有较好的全面性。日本规范将盾构隧道的功能受损破坏程度分为 4 种:受损度 0、受损度Ⅰ、受损度Ⅱ和受损度Ⅲ,分别对应隧道的受损情况不坏、小修、大修和不倒。根据结构使用功能和重要性程度的不同,组合形成不同的抗震设防目标。综上,日本盾构抗震设防目标更有针对性和灵活性,国内规范抗震设防的覆盖范围更广。

35

2.5 明挖结构抗震规范对比分析

2.5.1 明挖地下结构抗震设防的基本规定

明挖法是目前国内最常见的地下结构施工方法，一般埋深较浅。常见的明挖地下结构有地铁车站、地下道路、地下停车场、地下空间综合体等，不同用途的明挖地下结构，抗震设防具有不同的要求，具体说明如下：

上海市《地下铁道建筑结构抗震设计规范》DG/TJ 08—2064—2009 将地铁结构的设防目标在民用建筑的基础上提高一档，由原来的"小震不坏、中震可修、大震不倒"提高为"中震不坏、大震可修"。该规范认为，地铁建筑结构在维持城市正常运转中处于重要地位，一旦损坏将直接导致运行中断和系统失效，严重破损时可能因持续渗流而导致结构承载力降低及内部设备受损，破坏严重时结构通常很难修复。2014 年施行的《城市轨道交通结构抗震设计规范》GB 50909—2014 中，对地铁结构抗震设防目标提高的同时也并未取消小震设防。与上述规范不同，《地铁设计规范》GB 50157—2013 并未提高地下结构的抗震设防目标，仍为"小震不坏、中震可修"。但大震设防目标既非"不倒"又非一般的"可修"，而是表述为"地下结构主要结构支撑体系不发生严重破坏且便于修复，无重大人员伤亡，对周围环境不产生严重影响，修复后的地铁应能正常运营"，与中震的设防目标相比，可概括为"大修"。总之，明挖地铁结构的抗震设防目标普遍较地上民用建筑提高一档。

2010 年修订的《建筑抗震设计规范》GB 50011—2010 增加了地下结构章节，主要对象是地下车库、过街通道、地下变电站和地下空间综合体等单建式地下建筑。两阶段设计中，第一和第二阶段仍为小震和大震设计，小震设计与地上民建结构类似，而大震设计的变形验算指标与地铁规范的"大震可修"指标保持一致。《地下结构抗震设计标准》将现阶段的地下结构分为：地下单体结构、地下多体结构、隧道结构、下沉式挡土结构和复建式地下结构五大类，同时根据抗震设防类别的不同设定了不同的设防目标。然而规范规定的设防目标只和设防类别相关，并不因结构类型的不同而有所区别。较其他地下结构抗震标准，该规范增加了极罕遇地震动这一设防水准，规定特殊设防类地下结构需达到"中震不坏、大震小修、极大震大修"这一较高的设防目标。重点设防类和标准设防类地下结构的抗震设防目标与其他规范类似。

2.5.2 明挖地下结构两阶段抗震设计辨析

上小节提到我国明挖地下结构多采用两阶段抗震设计，很多结构第一阶段由小震设计提高为中震设计，要求结构在中震作用下仍处于弹性状态。除地下结构外，地上高层、桥梁等结构的抗震设计中也有中震设计的情况，本小节将对比分析明挖地下结构、高层结构和桥梁结构的两阶段抗震设计。

《公路工程抗震规范》JTG—B02—2013 规定，处于 7 度设防以上地区的公路桥梁结构，其两阶段抗震设计分别为 E1 和 E2 地震作用，其中第一阶段的抗震性能目标是"不受损坏或不需修复可继续使用"。公路桥梁结构抗震设防分为 4 类，通过重要性系数调整设计地震的大小，以 7 度区为例，设计地震加速度峰值如表 2.5.1 所示。

公路桥梁设计地震加速度峰值 表 2.5.1

桥梁抗震设防类别	E1 地震作用(g)	E2 地震作用(g)
A 类	0.1	0.17
B 类	0.043(0.05)	0.13(0.17)
C 类	0.034	0.1
D 类	0.023	—

A 类公路桥梁 E1 地震作用加速度峰值 $0.1g$，相当于设防烈度地震；E2 地震加速度峰值 $0.17g$，地震重现期 2000 年，略小于《建筑抗震设计规范》的大震 $0.22g$（时程分析法）。C 类公路桥梁 E1 地震作用加速度为 $0.034g$，相当于《建筑抗震设计规范》中的小震；E2 地震作用加速度为 $0.1g$，为中震。结合公路桥梁的抗震设防目标，A 类公路桥梁抗震设防目标可概括为"中震不坏、大震可修"，而 C 类公路桥梁的抗震设防目标则是"小震不坏、中震不倒"，B 类介于二者之间。与地下结构相比，公路桥梁结构的抗震设防区分度更大，但抗震设防目标略低。

《城市桥梁抗震设计规范》CJJ 166—2011 的抗震设防标准比公路桥梁更为具体，但设防目标基本一致，如表 2.5.2 所示。与公路桥梁相同，城市桥梁抗震设防也分 4 类；但设计地震的大小与公路桥梁有差异，以 7 度设防区为例，城市桥梁设计地震加速度峰值如表 2.5.3 所示。

城市桥梁抗震设防标准 表 2.5.2

桥梁抗震设防分类	E1 地震作用		E2 地震作用	
	震后使用要求	损伤状态	震后使用要求	损伤状态
甲	立即使用	结构总体反应在弹性范围,基本无损伤	不需修复或经简单修复可继续使用	可发生局部轻微损伤
乙	立即使用	结构总体反应在弹性范围,基本无损伤	经抢修可恢复使用,永久性修复后恢复正常运营功能	有限损伤
丙	立即使用	结构总体反应在弹性范围,基本无损伤	经临时加固,可供紧急救援车辆使用	不产生严重的结构损伤
丁	立即使用	结构总体反应在弹性范围,基本无损伤	—	不致倒塌

城市桥梁设计地震加速度峰值 表 2.5.3

桥梁抗震设防类别	E1 地震作用(g)	E2 地震作用(g)
甲类	0.1	0.22
乙类	0.061	0.22
丙类	0.046	0.22
丁类	0.035	—

甲类城市桥梁除 E1 地震设计加速度与公路桥梁 A 类相同，其他基本均大于相应类别的公路桥梁。城市桥梁 E1 地震作用最小的地震加速度为 $0.035g$，相当于 C 类公路桥梁，大于 D 类。城市桥梁 E2 地震作用的设计加速度均为 $0.22g$，比公路桥梁最大的 A 类加速度还要大。

公路桥梁和城市桥梁的验算方法类似，桥梁结构 E1 抗震设计验算为承载力验算，地震工况荷载组合方式与地下结构相似；E2 抗震设计验算潜在塑性铰区域的塑性转动能力或桥墩顶的位移，潜在塑性铰区域如图 2.5.1 所示。地下结构受周围土体影响，地震过程中受力和变形形式并不固定，很难确定潜在塑性铰区域。

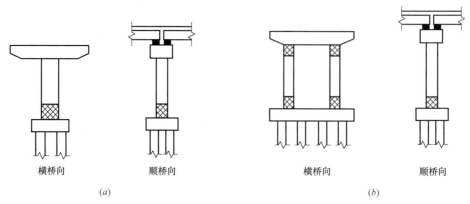

图 2.5.1　桥梁墩柱塑性铰区域
（a）连续梁、简支梁单柱墩；（b）连续梁、简支梁双柱墩

高层结构抗震设计通常按照《建筑抗震设计规范》和《高层建筑混凝土结构技术规程》的一般规定执行。但复杂高层结构第一阶段按照小震设计时，往往不能满足安全要求，需要在结构薄弱部位提高抗震设防标准。高层结构抗震性能设计可以很好地解决这一问题。《高层建筑混凝土结构技术规程》JGJ 3—2010 将结构抗震性能分为 5 个水准，如表 2.5.4 所示。其中性能水准 1、2 为弹性设计，其他为弹塑性设计。

高层结构抗震性能水准　　　　　　　　　　　　　　　　　　　表 2.5.4

结构抗震性能水准	宏观损坏程度	损坏部位			继续使用的可能性
		关键构件	普通竖向构件	耗能构件	
1	完好、无损坏	无损坏	无损坏	无损坏	不需修理即可继续使用
2	基本完好、轻微损坏	无损坏	无损坏	轻微损坏	稍加修理即可继续使用
3	轻度损坏	轻微损坏	轻微损坏	轻度损坏、部分中度损坏	一般修理后可继续使用
4	中度损坏	轻度损坏	部分构件中度损坏	中度损坏、部分比较严重损坏	修复或加固后可继续使用
5	比较严重损坏	中度损坏	部分构件比较严重损坏	比较严重损坏	需排险大修

设防烈度地震作用下的抗震性能水准 1，通常称为"中震弹性设计"，要求整个结构满足中震弹性。与地下结构和桥梁结构相比，虽然都是设防烈度地震作用下的结构抗震计算，但高层结构"中震弹性设计"的作用效应组合却与众不同。一般情况下，结构的地震工况作用效应组合都参照《建筑抗震设计规范》，如式 2.1。

$$\eta(\gamma_G S_{Gk} + \gamma_E S_{Ek}) \leqslant R/\gamma_{RE} \tag{2.1}$$

式中，η 为梁端、柱端的内力增大系数，是基于"强柱弱梁、强剪弱弯、强节点弱构件"的设计思想提出的。

高层结构"中震弹性设计"要求，在设防烈度地震作用下，所有结构构件的抗震承载力应符合下式规定：

$$\gamma_G S_{GE} + \gamma_{Eh} S_{Ehk}^* + \gamma_{Ev} S_{Evk}^* \leqslant R/\gamma_{RE} \tag{2.2}$$

与式（2.1）不同，式（2.2）中的 S_{Ek}^* 为地震作用效应标准值，不考虑与抗震等级有关的增大系数 η。这表明，与《建筑抗震设计规范》相比，高层结构抗震性能水准 1 放宽了要求，允许在结构上出现更大的地震作用效应。

高层建筑设防烈度作用下的抗震性能水准 2，要求关键构件和竖向构件满足"中震弹性"，耗能构件受剪承载力满足"中震弹性"，耗能构件受弯承载力满足"中震不屈服"。所谓"中震不屈服"设计是指，中震作用下构件按材料强度标准值计算的承载力 R_k 不小于按重力荷载及地震作用标准值计算的构件组合内力，

$$S_{GE} + S_{Ehk}^* + 0.4 S_{Evk}^* \leqslant R_k \tag{2.3}$$

"中震弹性"设计较"中震不屈服"设计更为严格，"中震弹性"设计中所有结构构件处于弹性状态，而"中震不屈服"设计中，大部分构件处于弹性状态，但耗能构件到达弹性状态的极限，即将进入屈服阶段。按"中震弹性"进行抗震设计，虽然取消了内力调整系数，但保留了荷载分项系数，材料强度按设计强度取值，这就使设计构件既在中震作用下处于弹性状态又从一定程度上保留了结构的安全度；按"中震不屈服"进行结构设计，则使设计耗能构件在中震作用下达到弹性极限状态，即在取消内力调整系数的前提下，使荷载分项系数、承载力抗震调整系数取为 1，且材料强度取为标准值。可以认为，"中震不屈服"设计是"中震弹性"设计的承载能力极限状态[84]。

桥梁、高层为地上结构，其动力反应表现出明显的自振特性，而地下结构的振动变形受周围地基土体的约束作用明显，结构的地震反应一般不明显表现出自振特性的影响，而是更多地受周围土体变形的影响。因此，地下结构的抗震设计方法与地上结构也有很大不同，对不同结构现有规范已有较为明确的规定，这里不再赘述。

综上，通过将明挖地下结构抗震规范与桥梁抗震规范、高层结构抗震规范对比发现：

1. 地下结构的抗震设防标准高于地上结构。地下结构的抗震设防目标多为"中震不坏、大震可修"，《城市轨道交通结构抗震设计规范》在中震和大震设计中，地下结构的抗震性能目标基本都较地上结构高一个等级，这是由地下空间的不可再生性、难修复性决定的。

2. 桥梁结构、超限高层结构的"中震弹性设防"，是对结构抗震性能实实在在的提高，而地下结构的"中震弹性设防"则在一定程度上是对结构抗震性能的"伪提高"。因为，过去的抗震设计经验表明，桥梁和高层结构的地震工况在设计中往往为控制工况，需按地震工况计算的结果进行设计；而地下结构的地震工况在设计中基本不起到控制作用，

仍按静力计算工况的结果进行设计。《建筑抗震设计规范》中规定的地下结构抗震等级的提高，增强了结构的抗震构造措施，才真正提高了结构的抗震性能。

3. 桥梁结构和高层结构抗震设计规范都规定了结构的耗能区域（塑性铰）或耗能构件，具有明确的抗震耗能机制。但地下结构规范并无此类规定，地下结构的抗震耗能方式也不明确。如果未来能够找到明确的地下结构抗震耗能机制，将对地下结构抗震设计的发展起到很好的推动作用。

第 3 章　盾构隧道抗震设计研究

3.1　引言

一直以来我国的盾构隧道多用于城市交通，包括城市道路隧道、地铁隧道等。以上海市为例，1967 年就修建了直径 10.2m 的中国第一条越江盾构隧道——打浦路隧道。随着延安东路隧道、大连路隧道、复兴东路隧道、翔殷路隧道等一系列工程的成功建设，我国的盾构法隧道建造技术日渐成熟。2005 年，上海开始建设直径 14.5m 的上中路隧道，该隧道是我国第一条真正意义上的超大直径双层盾构隧道，此后全国范围内大型的盾构隧道不断涌现，如武汉三阳路隧道（外径 15.2m）、深圳春风路隧道（外径 15.2m）、香港屯门-赤鱲角隧道（外径 17m）等。除交通用途外，近年来盾构法隧道在输水、排水、电力以及通信电缆、燃气等领域均有应用。然而，目前在盾构隧道抗震设计方面还存在一些不足。

一直以来，我国的盾构隧道抗震设计规范多来自轨道交通和道路交通行业，而其他行业领域的盾构隧道抗震设计缺乏针对性的指导。例如，目前的盾构隧道抗震设计规范在设定抗震设防目标时一般主要针对结构安全，但隧道的正常使用安全（如接缝防水安全等）同样重要，也应有相应的抗震设防目标和分析方法。盾构隧道的发展日新月异，除传统的圆形断面外，类矩形、马蹄形横断面的盾构隧道在工程上均有应用（类矩形断面——上海虹桥会展通道；马蹄形断面——蒙华铁路白城隧道）。然而抗震设计标准相对滞后，规范条文并没有覆盖这些新型的盾构隧道。

基于盾构隧道抗震设计规范的不足，本章首先辨析盾构隧道的抗震设防分类、抗震计算方法和验算标准，并找出目前存在的问题；然后以实际工程为例，分析现行盾构隧道抗震设计判断标准的合理性，并针对缺陷和不足提出建议；之后分别对深层调蓄隧道、矩形断面盾构隧道和内部预制车道板盾构隧道开展抗震分析，探索特殊盾构隧道结构的地震响应特征，为今后抗震设计规范的修订提供参考。

3.2　盾构隧道抗震规范辨析

过去几年，我国常用的盾构隧道抗震设计规范集中于轨道交通行业，包括：《城市轨道交通结构抗震设计规范》GB 50909—2014、《地铁设计规范》GB 50157—2013、上海市《地下铁道建筑结构抗震设计规范》DG/TJ 08—2064—2009 等。2017 年 11 月，上海市发布实施了《道路隧道设计标准》DG/TJ 08—2033—2017，弥补了城市道路大断面盾构隧道抗震设计的空白；2019 年 4 月发布的《地下结构抗震设计标准》GB/T 51336—2018 将盾构隧道抗震设计单列为一章，但没有区分不同用途的隧道差异性，而且市政领域的盾构隧道（大断面给排水、电力、燃气隧道等）抗震设计仍然缺乏专门的指导。本节将从抗震设防、计算方法和验算标准三个方面对各行业盾构隧道规范进行比较，并提出现阶段存在的问题，具体如下。

3.2.1 抗震设防分类

表3.2.1从抗震设防分类和抗震设防目标两个方面将盾构隧道抗震设计规范进行了汇总。

盾构隧道抗震设计基本规定 表3.2.1

规　范	抗震设防分类	抗震设防目标
《上海市地下铁道建筑结构抗震设计规范》DG/TJ 08—2064—2009	重点设防类（乙类）	1. 当遭受相当于本地区抗震设防烈度的地震响应时,主体结构不受损坏或不需进行修理可继续使用; 2. 当遭受高于本地区抗震设防烈度的预估的罕遇地震影响时,结构的损坏经一般性修理仍可继续使用
《城市轨道交通结构抗震设计规范》GB 50909—2014	重点设防类	性能要求Ⅰ:地震后不破坏或轻微破坏,应能保持其正常使用功能;结构处于弹性工作阶段,不应因结构的变形导致轨道的过大变形而影响行车安全; 性能要求Ⅱ:地震后可能破坏,经修补,短期内应能恢复其正常使用功能;结构局部进入弹塑性工作阶段
《地铁设计规范》GB 50157—2013	重点设防类（乙类）	1. 当遭受低于本工程抗震设防烈度的多遇地震影响时,地下结构不损坏,对周围环境及地铁的正常运营无影响; 2. 当遭受相当于本工程抗震设防烈度的地震影响时,地下结构不损坏或仅需对非重要结构部位进行一般修理,对周围环境影响轻微,不影响地铁正常运营; 3. 当遭受高于本工程抗震设防烈度的罕遇地震(高于设防烈度1度)影响时,地下结构主要结构支撑体系不发生严重破坏且便于修复,无重大人员伤亡,对周围环境不产生严重影响,修复后地铁应能正常运营
《道路隧道设计标准》DG/TJ 08—2033—2017	重点设防类、标准设防类	1. 当遭受相当于本地区抗震设防烈度的地震影响时,结构不破坏或轻微破坏,可保持其正常使用功能,结构处于弹性工作阶段; 2. 当遭受高于本地区抗震设防烈度的罕遇地震影响时,结构可能损坏但经修补后仍可恢复其正常使用功能,结构局部进入弹塑性工作阶段
《室内外给水排水和燃气热力工程抗震设计规范》GB 50032—2003	一般为重点设防类	1. 当遭遇低于本地区抗震设防烈度的多遇地震影响时,一般不致损坏或不需修理仍可继续使用; 2. 当遭遇本地区抗震设防烈度的地震影响时,构筑物不需修理或经一般修理后仍能继续使用,管网震害可控制在局部范围内,避免造成次生灾害; 3. 当遭遇高于本地区抗震设防烈度预估的罕遇地震影响时,构筑物不致严重损坏,危及生命或导致重大经济损失,管网震害不致引发严重次生灾害,并便于抢修和迅速恢复使用
《核电厂抗震设计规范》GB 50267—1997	Ⅰ类、Ⅱ类	Ⅰ类:运行安全地震动和极限安全地震动; Ⅱ类:运行安全地震动。 运行安全地震动——在设计基准期中年超越概率为2‰的地震动,峰值加速度不小于0.075g; 极限安全地震动——在设计基准期中年超越概率为0.1‰的地震动,峰值加速度不小于0.15g

规 范	抗震设防分类	抗震设防目标
《地下结构抗震设计标准》GB/T 51336—2018	特殊设防类、重点设防类、标准设防类	性能要求Ⅰ:不受损坏或不需进行修理能保持其正常使用功能,附属设施不损坏或轻微损坏但可快速修复,结构处于线弹性工作阶段; 性能要求Ⅱ:受轻微损伤但短期内经修复能恢复其正常使用功能,结构整体处于弹性工作阶段; 性能要求Ⅲ:主体结构不出现严重破损并可经整修恢复使用,结构处于弹塑性工作阶段; 性能要求Ⅳ:不倒塌或发生危及生命的严重破坏

根据规范,道路盾构隧道的设防类别分为重点设防和标准设防两类,而轨道交通行业和给排水、燃气、热力隧道的设防类别只有重点设防类。这并不意味着轨道交通、市政等行业的隧道抗震安全性高于道路隧道,反而是道路隧道的抗震设防更为合理。将隧道的主体结构、附属结构区别对待,将有限的抗震资源向更为重要的主体结构倾斜,避免"一刀切"式的抗震设防造成无谓的浪费,这样的抗震设计更为合理。最新的《地下结构抗震设计标准》中也体现了这种合理的设防方式。

从抗震设防目标的角度,盾构隧道抗震多采用三水准或两水准设防。《室内外给水排水和燃气热力工程抗震设计规范》的三水准设防基本沿用"小震不坏、中震可修、大震不倒"的设防原则,而其他规范均将设防目标较该原则提高一档:三水准设防达到"小震不坏、中震小修、大震大修";两水准设防达到"中震不坏、大震可修"。规范中抗震设防水准提高一档,但实际的盾构隧道抗震分析得到的结论往往是"地震工况不起控制作用",设计时也就不考虑地震工况,这就导致规范提高了抗震设防水准,但实际并未提高隧道的抗震能力。《道路隧道设计标准》8.7.2条文说明也解释:"适当提高抗震设防水准的性能要求一般不会导致造价增加",可以理解为虽然提高了抗震设防水准,但并未增加抗震措施,造价当然不会增加。因此,仅提高盾构隧道的抗震设防水准,对结构抗震能力的提高帮助不大。

与市政交通隧道不同,给排水、燃气、热力地下管道正常运营时一般没有人员在结构内部活动,发生地震破坏时不会对人的生命安全产生直接威胁,因此《室内外给水排水和燃气热力工程抗震设计规范》不提高抗震设防目标,沿用地面结构的抗震设防原则在一定程度上是合理的,但应该重点关注隧道的使用安全以及减轻地震次生灾害的影响。目前,几乎所有规范均从结构安全的角度提出抗震设防目标,并未考虑隧道的使用安全。例如:从环境保护的角度,输水隧道、燃气隧道的渗漏将对环境产生严重的污染和危害。针对盾构隧道的不同用途,开展区别设防、性能化设计将会更为合理,更能够保证隧道的抗震安全性。

3.2.2 抗震计算方法

盾构隧道的抗震设计,最重要的是找到正确的设计方向,建立既能反映工程典型特征又简单有效的计算模型,选择合理、正确的设计计算方法。因此,抗震设计的首要工作是针对实际工程,将复杂的问题进行合理的简单化和理想化,建立分析模型,对外力条件和边界条件进行适当假设[82]。设计计算结果是否正确合理,取决于简化模型、外力和边界条件等的设定。由于盾构隧道结构形式的特殊性,可采用多种方式建模计算。隧道结构可采用惯用法、修正惯用法、多铰圆环法等,三维分析时还可采用壳单元或实体单元模拟;模拟土-结构相互作用可建立梁-弹簧模型或建立地层-结构模型;抗震设计方法也是多种多样,包括拟静力法、反应位移法、动力时程法等。表3.2.2汇总了我国盾构隧道抗震设计常用的方法以及日本相关规范的规定。

抗震计算模型和计算方法 表3.2.2

规　范	计算模型	计算方法	
		横向	纵向
《城市轨道交通结构抗震设计规范》	结构采用梁单元建模	反应位移法、反应加速度法、动力时程法	反应位移法、动力时程法
《地铁设计规范》	—	反应位移法、惯性静力法、动力时程法	—
上海市《地下铁道建筑结构抗震设计规范》	梁-弹簧模型或多铰环法	地层-结构时程分析法、等代水平地震加速度法、惯性力法、反应位移法	—
上海市《道路隧道设计标准》	—	反应位移法、反应加速度法、时程分析法	反应位移法、时程分析法
《地下结构抗震设计标准》	修正惯用法、梁-弹簧模型	反应位移法、时程分析法	反应位移法、时程分析法
日本规范[82]	惯用法、修正惯用法、多铰环法、梁-弹簧模型法	等刚度模型反应位移法、梁-弹簧模型反应位移法、FEM静态分析方法、FEM动态分析方法	反应位移法、梁-质点-弹簧分析方法、FEM动态分析法

　　在二维横断面抗震计算时,规范多建议采用梁单元建模,但管片接头的模拟并未有具体规定,一般有均匀刚度和弹性铰接头两种。均匀刚度模型较为简单,但不符合实际;利用弹性铰接头模型可以根据相对转角反算接头张开量和压缩量,但接头转动弹簧刚度较难选取,相关规范也未有明确规定。

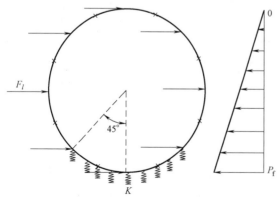

　　我国地铁隧道横断面抗震设计曾经多采用惯性力法。该方法将圆形断面隧道结构的横向地震反应,用作用于结构构件形心的水平地震惯性力的作用效代。采用惯性力法计算时,可按图3.2.1所示的计算简图进行抗震分析。图中圆形断面地铁区间隧道被视为弹性地基上的圆环结构;F_l（$l=1\sim M$,M为衬砌圆环的管片数）为作用在衬砌管片形心上的等代水平地震惯性力;

图3.2.1　圆形断面隧道等代地震荷载的分布及计算简图(惯性力法)

p_f 为三角形分布的地层水平抗力的最大值；K 为地层基床系数。

　一般认为，惯性力法用于两种情况较为适宜：一是地下结构与地面建、构筑物合建，即作为上部结构的基础时；二是当与围岩的重量相比，结构自身的重量较大时。但是交通隧道和市政隧道包括净空在内的单位体积的重量一般均小于围岩，惯性力法一般不适用。

　国外学者通过地震观测和震害调查研究认为，地震时隧道几乎与围岩一同变形，而且随围岩产生的变形是对隧道的主要影响因素，惯性力的影响则可忽略不计。反应位移法就是基于这一概念建立起来的，其特点是以地下结构所在位置的地层位移作为地震对结构作用的主要输入。隧道结构横向地震反应计算采用反应位移法时，将周围土体作为支撑结构的地基弹簧，结构可采用梁单元建模（如图 3.2.2 所示）。地基弹簧刚度可按式 $k=KLd$ 计算，其中，K 为基床系数，L 为垂直于结构横向的计算长度，d 为土层沿隧道纵向的计算长度。作用在结构模型上的荷载包括土层相对位移、结构惯性力和结构与周围土层剪力等荷载，其中圆形结构周围的剪力作用可按下列公式计算：

$$F_{Ax}=\tau_A Ld\sin\theta \tag{3.1}$$

$$F_{Ay}=\tau_A Ld\cos\theta \tag{3.2}$$

其中，F_{Ax} 和 F_{Ay} 分别表示作用在 A 点水平方向和竖直方向的节点力，τ_A 为 A 点处的剪应力。

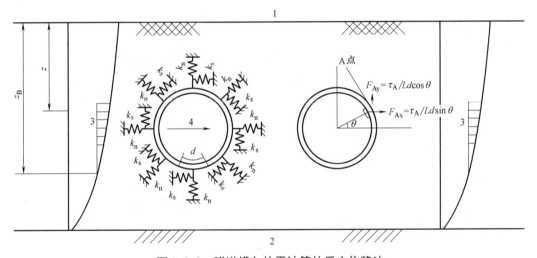

图 3.2.2　隧道横向抗震计算的反应位移法

　规范中的横断面抗震分析方法还有反应加速度法，该方法以土-地下结构系统为研究对象建立地层-结构模型，能直接反映土-结构相互作用。建模分析时，结构周围土体一般简化为平面应变单元，结构一般用梁单元模拟。土-地下结构系统在地震作用下的受力以体积力为主，土层与地下结构之间存在着动力相互作用，土层对地下结构的约束作用不可忽略。反应加速度法通过对各土层和地下结构按照所在的位置施加相应的水平有效惯性加速度，实现在整个土-结构系统中施加水平惯性体积力。

　此外，地震时沿盾构隧道纵向产生的拉压应力和挠曲应力可能会成为结构受力的控制因素。因此，还需要对隧道纵向的抗震进行分析，尤其是盾构隧道纵向连接螺栓应能承受地震产生的全部拉力。隧道结构纵向抗震计算也可采用反应位移法，具体做法是将周围土体作为支撑结构的地基弹簧，结构简化为梁单元。土层位移施加于地基弹簧的非结构连接端，模拟结构的梁单元长度可按盾构环的长度确定。

无论是惯性力法、反应位移法，还是反应加速度法，都是将随时间变化的地震作用等效为静力荷载或静位移，然后再用静力计算模型求解结构的反应，而用时程分析法等动力分析方法与静力法的计算结果进行对比也是必要的。与地面结构不同，地下结构抗震计算缺乏理论基础，各种方法均基于不同的假定，导致计算结果存在差异。在实际工作中，如何根据工程特点对抗震计算方法进行选择，将是设计人员面临的最大难题。

3.2.3 抗震验算

我国《建筑抗震设计规范》采用两阶段抗震设计，第一阶段为多遇地震截面验算和弹性变形验算，第二阶段为罕遇地震弹塑性变形验算。地下结构抗震设计规范也沿用了这一方法，表3.2.3汇总了部分规范的抗震验算规定。

抗震验算汇总　　　　　　　　　　　表3.2.3

规　范	截　面　验　算	变　形　验　算
《城市轨道交通结构抗震设计规范》	抗震性能要求为Ⅰ时，按《建筑抗震设计规范》GB 50011验算	抗震性能要求为Ⅱ时，验算结构整体变形性能，圆形断面结构采用直径变形率作为指标，限值为(4‰~6‰)D，宜同时进行构件断面变形能力的验算；纵向验算应满足：1. 变形缝的变形量不超过满足接缝防水材料水密性要求的允许值；2. 伸缩缝处轴向钢筋（螺栓）的位移应小于屈服位移，伸缩缝处的转角小于屈服转角
上海市《道路隧道设计标准》	进行设防烈度作用下的截面强度抗震验算	设防烈度地震工况，弹性层间位移角限值1/300，罕遇地震工况，弹塑性层间位移角限值1/150
上海市《地下铁道建筑结构抗震设计规范》	进行设防烈度作用下的截面强度抗震验算	设防烈度作用下的截面抗震变形验算，径向变形的最大值不应超过按满足接缝防水材料安全使用要求确定的允许值；罕遇地震下的抗震变形验算
《地下结构抗震设计标准》	弹性阶段进行截面强度抗震验算	圆形断面结构弹性直径变形率限值4‰D，弹塑性直径变形率限值6‰D
日本规范[82]	在L1和L2阶段，针对管片主体、管片接头、环向接头和二次衬砌的不同受损程度，有不同的验算内容	受损度0时变形倾斜角度1/350(1/150)以下；受损度Ⅰ时变形倾斜角度1/350~1/300(1/200~1/150)、受损度Ⅱ和受损度Ⅲ时变形倾斜角度1/300(1/200)以上，括号内为$L2$地震动

我国的地下结构抗震验算大多参照《建筑抗震设计规范》执行：对于盾构隧道，设防烈度地震作用进行截面验算，一般是验算管片结构的内力，但忽略了管片接头的受力状

况；罕遇地震工况仅进行隧道横断面整体变形验算，而很少考虑接头变形验算。日本规范也是两阶段抗震设计，两阶段均需验算管片主体、管片接头、环向接头和二次衬砌的承载性能，基本覆盖了盾构隧道所有的关键受力部位，抗震设计更为细致和完善。

针对变形验算，《城市轨道交通结构抗震设计规范》规定抗震性能Ⅱ时，圆形断面结构以直径变形率作为验算指标，变形限值取（4‰～6‰）D 这一施工控制指标。《地下结构抗震设计标准》将这一指标拆分，4‰D 作为弹性变形限值，6‰D 作为弹塑性变形限值，这些变形性能指标的取值显然缺乏科学依据。上海市《地下铁道建筑结构抗震设计规范》规定隧道设防烈度变形不超过防水允许值，但以规范中的抗震计算方法很难判断计算结果是否符合防水安全，而罕遇地震下的变形验算并无规定。上海市《道路隧道设计标准》参照日本规范，以层间位移角（隧道顶底位移差与隧道直径之比）为验算指标，设防烈度地震变形限值为 1/300，罕遇地震变形限值取 1/150。而日本规范中除规定了隧道结构的整体变形限值外，对隧道的局部变形，即接头张开量、错位量也有详细的规定，保证隧道管片接头的防水安全，但同样的问题是简化的模型难以完全反映详细的验算规定。

国内盾构隧道抗震规范多为"不坏""可修"等性能指标，而日本规范根据使用目的的不同，将盾构隧道区分为 4 种使用类型和受损程度，如表 3.2.4～表 3.2.6 所示。一方面，隧道的受损度通过隧道整体受损状况和构件的破坏程度两个方面综合判断；另一方面，通过管片内力、整体变形和接头变形等多种方式控制隧道结构达到既定的设防目标。这种设计方法是较为全面的性能化设计，也应是今后我国盾构隧道抗震规范的发展方向。

盾构隧道功能受损度的区分与构件受损程度的关系　　　　　表 3.2.4

受损度	隧道受损状况	构件的破坏程度
0	构成盾构隧道的各构件应力低于屈服强度的 85%，处于弹性范围内，结构物的功能保持健康状态	屈服强度 85% 以内
Ⅰ	构成盾构隧道的各构件应力超过容许应力，在屈服强度以内，需要简单修复，可以继续使用的状态	构件屈服范围以内
Ⅱ	构成盾构隧道的各构件的应力达到了屈服强度，但在构件承载力范围内，通过修复或加固，可以恢复结构物的功能	构件破坏范围以内
Ⅲ	构成隧道的各构件中的一部分达到了最大承载力，但在隧道破坏范围内，即使是实施大规模加固也不能恢复结构物功能	破坏范围内

盾构隧道使用区分与容许受损度的关系　　　　　表 3.2.5

使用区分	使用目的	L1 级受损度	L2 级受损度
类型Ⅰ	非特定的多数人经常使用，修复/加固时隧道功能停止或下降，社会经济损失巨大	0	Ⅰ～Ⅱ
类型Ⅱ	只有特定的少数人可以下井，修补/加固时隧道功能停止或下降，比如：下水道、地下河流、共同沟（电力、通信）	0	Ⅲ
类型Ⅲ	只有特定的少数人可以下井，修补/加固时隧道功能停止或下降，比如：电力、通信、天然气（下水道、共同沟）	Ⅰ	Ⅱ～Ⅲ
类型Ⅳ	隧道内管道施工后的填充构造，所以使用后不能再入井，没有必要从隧道断面内部开始修复/加固，比如：天然气、自来水管道（电力、通信）	Ⅱ	Ⅲ

承载与变形性能验算项目及界限值（日本规范）　　表 3.2.6

结构功能	构件		验算项目	界限值
受损度 0	管片	承载性能	弯矩、轴力、剪力	容许应力
		变形性能	环向变形量	容许变形量
	接头	承载性能	弯矩、轴力、剪力	容许应力
		变形性能	张开量	容许张开量
			错位量	容许错位量
受损度 Ⅰ	管片	承载性能	弯矩、轴力、剪力	屈服强度
		变形性能	环向变形量	容许变形量
	接头	承载性能	弯矩、轴力、剪力	屈服强度
		变形性能	张开量	容许张开量
			错位量	容许错位量
受损度 Ⅱ	管片	承载性能	弯矩、轴力	最大断面承载力
		变形性能	环向变形量	容许变形量
	接头	承载性能	构件转角和曲率、剪力	极限转角和曲率、抗剪强度
		变形性能	张开量	容许张开量
			错位量	容许错位量
受损度 Ⅲ	管片	承载性能	剪力	抗剪强度
		变形性能	管片主断面/接头部分	容许曲率
	接头	承载性能	剪力	抗剪强度
		变形性能	张开量	容许张开量
			错位量	容许错位量

3.2.4　存在的问题

(1) 抗震设防目标的问题

盾构隧道抗震设防目标不清晰。上文介绍过，我国目前盾构隧道的抗震设防目标多为"中震不坏、大震可修"或"小震不坏、中震小修、大震大修"。从表面上看，与国外的多水准设防类似，但实际上抗震设防目标过于模糊，尤其是"可修"状态的表述："结构可能损坏但经修补后仍可恢复其正常使用功能"。盾构隧道管片接头因张开量过大而发生渗漏水是"可修状态"，管片结构发生开裂也可看作"可修状态"，但二者的受力状态可能存在较大差异。细化抗震设防目标、根据隧道结构的用途不同开展多目标设防，将能使盾构隧道结构的设计更加合理。

盾构隧道抗震设防目标的提高可能不起作用。自上海市《地下铁道建筑结构抗震设计规范》开始，国内的抗震规范将盾构隧道的抗震设防水准较地上结构提高一档。从表面看隧道结构的抗震性能得到了提升，但实际抗震设计中，总是出现"地震工况不起控制作用"的现象。实际设计时，仍旧按照静力工况的结构内力进行配筋和接头设计，并没有增强抗震措施，没有提高隧道的抗震能力。在提高隧道抗震设防目标的同时，制定合理的抗震加强措施，才能从整体上提高隧道结构的抗震能力。

（2）计算理论和方法的问题

盾构隧道抗震计算缺乏理论基础。地上结构的抗震设计多采用反应谱法，设计反应谱是多年来在我国多个地区采集的地震数据统计而来，设计计算理论具有一定的科学性。而地下结构的计算方法多基于不同的简化和假定，横向反应位移法施加在结构上的位移取自自由场隧址处的地震相对位移，弹簧刚度、剪切力的确定也基于不同的假定，这些均可能与实际存在偏差。多项存在偏差的数据耦合在一起，可能产生更大的偏差，很难正确反映工程实际。

盾构隧道的抗震计算模型较难选取。隧道横向抗震计算多采用修正惯用模型或梁-弹簧模型，纵向抗震也多以梁单元模拟管片、弹簧模拟接头。这些建模方法的共同劣势是地震过程中螺栓的状态无法把握，也意味着无法判断管片接头的受力状态和地震安全性。建立有限元实体模型可以模拟螺栓，但计算过于复杂，不易用于工程设计。合理的计算模型是反映盾构隧道抗震安全性的关键。

（3）验算标准的问题

盾构隧道抗震整体变形限值的合理性。《地下结构抗震设计标准》中盾构隧道的弹性和弹塑性变形限值分别为 $4‰D$ 和 $6‰D$，是参考《地铁设计规范》施工荷载情况下的结果，与地震工况并无直接联系。上海市《道路隧道设计标准》以层间位移角作为整体变形指标，规定圆形截面隧道的弹性和弹塑性的变形限值分别为层间位移角 1/300 和 1/150，但层间位移角这一变形指标多用于矩形断面的结构，是否适用于圆形断面还存在疑问。

缺乏盾构隧道局部变形的判别标准。上海市《地下铁道建筑结构抗震设计规范》规定圆形断面隧道在设防烈度下的径向变形不超过防水材料安全使用要求的允许值，但并没有具体的量化规定。盾构隧道管片接头在地震作用下的张开量和错位量都是重要的指标，关系到隧道结构的防水和结构安全。根据盾构隧道的不同用途和重要性，管片接头的变形限值也应有所区别。

验算内容与计算方法不匹配。《地下结构抗震设计标准》规定纵向地震作用下变形缝应满足防水要求、伸缩缝处螺栓满足要求，但按照该规范给出的计算方法并不能得到防水、螺栓的受力和变形状态，存在自相矛盾的现象。无论国内还是国外规范，若要验算接头螺栓、防水的地震安全性，则需要有与验算内容相匹配的抗震计算方法，这也是盾构隧道抗震设计向深层次发展的一大难点和关键点。

3.3　盾构隧道抗震计算的判断标准

3.3.1　整体变形

国内规范中，盾构隧道的整体变形有直径变形率和层间位移角两种指标（图 3.3.1）。本小节将以某实际工程为例，比较两种指标应用的差异。

某排水盾构隧道，外径 11.3m，内径 10m，管片厚度 650mm，分 9 块，隧道最大埋深 50m。首先选取埋深 50m 的二维断面分析隧道结构在静力状态的受力状况，假定水位在土体表面，采取水土分算的方法，取隧道顶部以上的土体浮重度为 $800kN/m^3$，计算模型反力由地基弹簧提供，根据地勘资料，弹簧刚度系数 10000kN/m^3。隧道建模采用梁-弹簧模型，隧道形式为均分 9 块，管片接头用弹性铰模拟，弯曲弹簧弹性系数参考相关试验取得，$k = 8 \times 10^4 \text{kN} \cdot \text{m/rad}$，计算模型和计算结果如图 3.3.2 和图 3.3.3 所示。

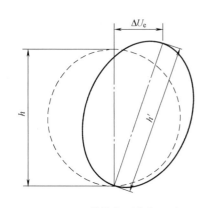

图 3.3.1　隧道变形指标示意
（直径变形率＝$(h'-h)/h$，层间位移角＝$\Delta U_{\text{e}}/h$）

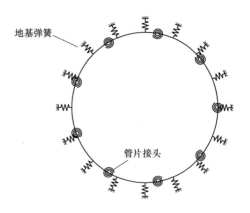

图 3.3.2　计算模型

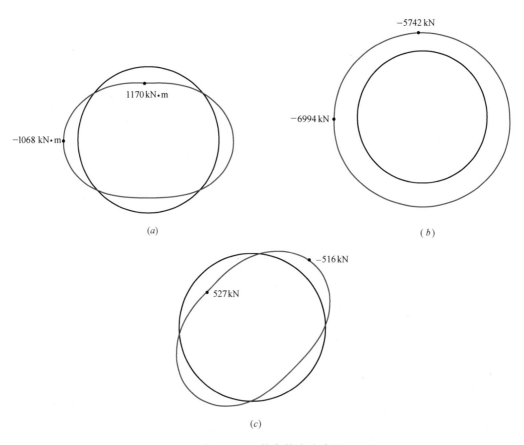

图 3.3.3　静力状态内力图
（a）弯矩图；（b）轴力图；（c）剪力图

表 3.3.1 列出了内力和变形最大值及出现位置（图 3.3.4），以此为基础，下文将比较地震工况下结构的动力响应。

内力的最大值及出现位置　　　　　　　　　　　　　　表 3.3.1

内力	轴力(kN)	剪力(kN)		弯矩(kN·m)		直径变形率	层间位移角
最大值	−6944	527	−516	1170	−1068	2.62‰	0
位置	266°	315°	45°	0°	270°	0°/180°	—

以动力时程法分别计算设防烈度地震（中震）和罕遇地震（大震）作用下，隧道结构的响应情况。动力时程法计算时建立土层-结构模型，抗震计算时参考目前盾构隧道抗震设计常用的《地下结构抗震设计标准》等相关规范。

依据地勘资料和前人研究成果[86]，鉴于该隧道为深埋结构，计算模型高度取为 155m，地下结构二维计算模型宽度应大于（3～5）D（D 为地下结构宽度），本计算模型横向宽度取 100m，满足要求。场地模型地层参数来自地勘资料。盾构隧道管片采用 C60 混凝土，对应材料参数：弹性模量 $E=3.6×10^7 kN/m^2$；泊松比为 0.2；密度为 $2500kg/m^3$。

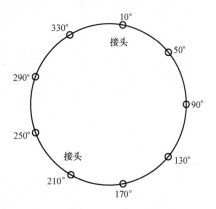

图 3.3.4　位置示意图

计算模型底部限制竖直方向位移，模型两侧为无限元边界，防止地震波发生反射。地震波在模型底部输入，采用上海人工波，考虑设防烈度和罕遇地震两个水准的工况。上海人工波加速度时程曲线和频谱如图 3.3.5 所示。

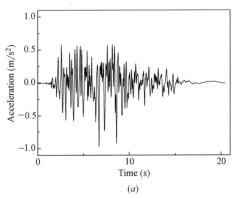

(a)

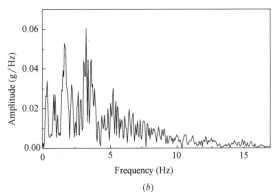

(b)

图 3.3.5　上海人工波

（a）加速度时程；（b）加速度频谱

场地土体采用平面应变单元模拟，隧道管片简化为梁单元，管片单元之间为弹性铰连接，通过扭转弹簧和铰接来实现。为与实际情况一致，设定隧道与接触土体变形协调。整个模型单元总数为 5464 个，整体单元模型如图 3.3.6 所示。

计算得到中震和大震结果，规范中的验算规定为：在中震工况下需验算结构的受力和变形，大震工况下验算结构变形，表 3.3.2 和表 3.3.3 列出相关结果。

由表 3.3.3 可见，中震工况和大震工况隧道的变形均小于规范限值，满足隧道结构整体变形的要求。验算隧道的直径变形率时，按照规范将静力工况的最大变形与地震工况最大变形叠加，再与规范限值比较。本工程中，中震工况直径变形率仅为静力工况的 4.7%，大震工况仅为静力工况的 10.3%，远小于静力工况的变形，可见隧道结构的整体变形中静力工况占主导。与直径变形率不同，采用层间位移角这一判别指标时，圆形断面隧道在静力工况中的荷载为对称分布，结构的层间位移角为 0。变形验算时，地震工况的层间位移角就是与静力工况叠加后的变形，可认为用层间位移角这一指标验算隧道变形时，忽略了隧道静力变形的影响。实际上，盾构隧道在施工和使用阶段的静力变形是存在的，《道路隧道设计标准》规定盾构隧道衬砌环计算直径变形限值为 3‰ D，《地铁设计规范》规定施工荷载情况下的直径变形限值为（4‰～6‰）D。可见，静力的隧道整体变形不可忽略，单以地震工况的变

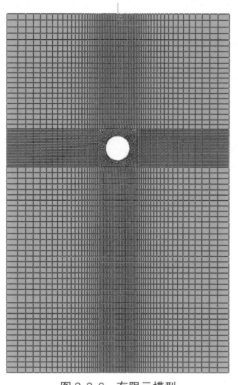

图 3.3.6　有限元模型

形来评价隧道结构的整体变形是不合理的。因此，应以直径变形率来验算圆形盾构隧道的抗震整体变形，层间位移角这一指标不适用于判别圆形隧道结构的抗震变形。此外，《地下结构抗震设计标准》将施工变形限值拆分，规定弹性限值为 4‰D、弹塑性限值为 6‰ D，这种做法缺乏依据，规范中圆形隧道直径变形率限值的合理性应进一步研究。

不同方法计算结果　　　　　　　　　　　　　　　　　　表 3.3.2

计算方法	地震	内力			变形	
		轴力 （kN/m）	剪力 （kN/m）	弯矩 （kN·m/m）	直径变形率	层间位移角
时程 分析	中震	−122(78°)	48(210°)/ −44(294°)	196(74°)/ −196(346°)	0.13‰	1/1877
	大震	−244(78°)	96(210°)/ −88(90°)	393(74°)/ −393(346°)	0.27‰	1/930

隧道变形验算　　　　　　　　　　　　　　　　　　　　表 3.3.3

变形	静力工况	中震工况			大震工况		
		中震	叠加	规范限值	大震	叠加	规范限值
直径变形率	2.62‰	0.13‰	2.75‰	4‰	0.27‰	2.89‰	6‰
层间位移角	0	1/1877	1/1877	1/300	1/930	1/930	1/150

3.3.2　局部变形

盾构隧道的局部变形是指管片接头的张开量、错位量等变形，对于判别隧道结构的防水安全具有重要意义。然而，我国抗震规范中缺乏隧道局部变形的规定。上海市《地下铁道建筑结构抗震设计规范》规定，圆形盾构隧道径向变形最大值应不超过按满足接缝防水材料安全使用要求确定的允许值，这条要求虽然提到了隧道局部变形的接缝防水安全，但并没有给出量化的要求。上海市《道路隧道设计标准》规定，正常使用极限状态盾构隧道接头纵缝最大张开量限值为 2mm。日本规范给出了盾构隧道接头张开量和错位量的容许变形，表 3.3.4。

日本规范盾构隧道接头容许变形　　　　表 3.3.4

防水构造的种类	变形的种类	容许变形量（张开量）
密封材料	张开量	0.5～1.0mm
	错位量	2.0～3.0mm
防水布等	张开量	3.0mm 以上
	错位量	3.0mm 左右

日本规范中管片接头变形的容许值与防水构造有关，局部变形验算的实际上是盾构隧道接头的防水安全性。本小节基于上一小节算例，考查盾构隧道管片接头的张开量。由于采用梁-铰模型计算，无法直接得到隧道接头的张开量，因此将从计算结果中读取接头两侧梁单元的相对转角，再依据管片厚度得到隧道接头的张开量，如图 3.3.7 所示。

静力工况和地震工况的计算结果列于表 3.3.5，其中地震工况为设防烈度地震作用下的最大结果，且为增量变形。

管片接头变形　　　　表 3.3.5

接头	静力工况张开量（mm）	中震工况张开量（mm）	叠加结果（mm）	接头状态	规范限值
10°	−0.66	−1.49	−2.15	外侧张开	
50°	0.53	0.70	1.23	内侧张开	
90°	−0.40	−0.72	−1.12	外侧张开	
130°	0.69	1.57	2.26	内侧张开	
170°	−0.70	−0.02	−0.72	外侧张开	2mm
210°	0.25	0.88	1.13	内侧张开	
250°	0.12	0.71	0.83	内侧张开	
290°	0.03	0.56	0.59	内侧张开	
330°	0.14	0.69	0.83	内侧张开	

由表 3.3.5 可见，静力工况下隧道接头展现出外侧张开和内侧张开两种不同状态，张开量均小于规范限值 2mm。中震工况下的结果与静力工况叠加后，10° 和 130° 位置处的接头张开量超过 2mm，不符合规范要求，可能出现接头防水材料破坏、渗漏水的危险。

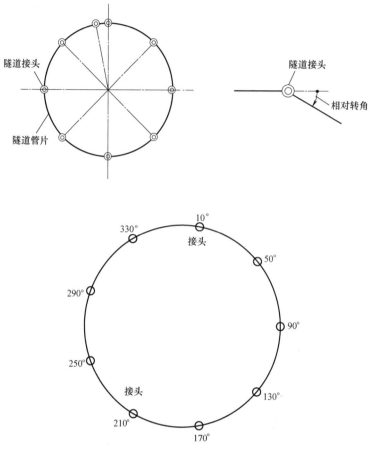

图 3.3.7　张开量取值示意图

地震作用会增大隧道接头的张开量,给接头防水带来风险,尤其是管片拼装本身就存在瑕疵的接头,地震力可能会加倍放大变形,使结构处于更加危险的环境。因此,盾构隧道的局部变形抗震验算不可忽略。以上均为管片纵缝变形的评估,同理,管片环缝的抗震验算也不可忽略。尽管《地下结构抗震设计标准》等规范也对管片接缝、结构连接等的变形量有要求,但规范中的计算方法并不能得到这些变形,因此发展合理、有效的盾构隧道抗震计算方法也是规范向前发展的必要条件。

3.3.3　初始变形

实际工程中,盾构隧道拼装完成后在周围地层压力的作用下会产生一定的初始变形。为保证隧道正常的使用功能,规范对初始变形有限制:上海市《道路隧道设计标准》规定衬砌环整体和局部变形限值分别为直径变形 $3‰D$ 和纵缝张开量 $2mm$;《盾构法隧道施工及验收规范》[87] 规定管片拼装允许偏差为衬砌环椭圆度 $5‰\sim8‰$。

尽管管片拼装初始变形是实际存在的,但盾构隧道抗震计算时往往不考虑初始变形的影响。管片拼装完成后,盾构隧道衬砌环呈椭圆形,虽然椭圆度较低,但从理论上看,其受力变形与正圆形相比处于不利状态,而地震荷载可能会将这种不利状态放大。本小节将以实际工程为例,探讨盾构隧道的初始变形对结构抗震安全的影响。

某道路盾构隧道外径 15m，管片厚度 600mm，分 8 块。隧道下穿河道，隧道顶距离河床约 23m。河道上方建有桥梁，桥桩长度约 37m。隧道侧下方建有排水隧道，内径 10m。在某一区段道路隧道与排水隧道并行，选取该区段一横断面作为研究对象，如图 3.3.8 所示。

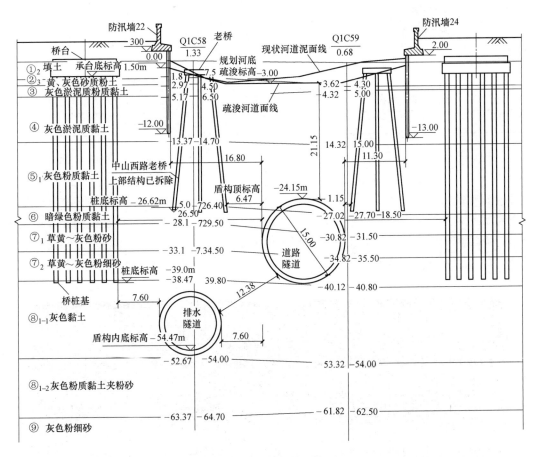

图 3.3.8　隧道位置关系

基于实际状况将场地分层并假定每层土体厚度一致，土体参数如表 3.3.6 所示。

土层参数　　　　　　　　　　　　　　　　表 3.3.6

层序	土层名称	厚度(m)	E(kPa)	γ(kN/m³)	c(kPa)	φ(°)
①₁	填土	4.8	30000	18.0	10	15
②₃	砂质粉土	7.3	35600	18.5	3	30.6
④	淤泥质黏土	5.9	9200	16.8	10	10.8
⑤₁	粉质黏土	11.5	14800	17.8	15	15.4
⑤₃	粉质黏土夹粉砂	6.5	20300	17.9	22	22
⑦₁	粉砂	2.5	60000	18.9	2	31.4
⑦₂	粉细砂	6	80000	18.7	1	32.8

层序	土层名称	厚度(m)	E(kPa)	γ(kN/m³)	c(kPa)	φ(°)
⑧₁₋₁	黏土	12	40000	18.0	19	15
⑧₁₋₂	粉质黏土夹粉砂	13	68000	18.4	20	19.2
⑨₁	粉砂夹粉质黏土	5.4	78000	19.6	0	37
⑨₂₋₁	粉细砂夹中粗砂	5.9	98000	20.4	0	42
⑨₂₋₂	中粗砂	12.6	120000	20.4	0	45
⑩	黏土	12.2	56000	20.0	145	26
⑪	粉细砂夹中粗砂	26.7	95000	19.5	0	40
⑫	黏土	5.2	60000	19.2	105	26

根据研究对象横断面建立二维有限元模型,如图 3.3.9 所示。整体区域 200m×158m,隧道、桥桩基和场地土体均用二维实体单元模拟,隧道结构根据实际分块建模,河床处施加压力模拟静水压。数值模拟分为考虑初始变形和不考虑初始变形两个计算工况:考虑初始变形工况在隧道位置开挖土体,然后生成隧道衬砌,之后在模型底部输入地震波;不考虑初始变形的计算工况在开挖土体和生成隧道模型后,还需将隧道结构的变形清零,然后再输入地震波。

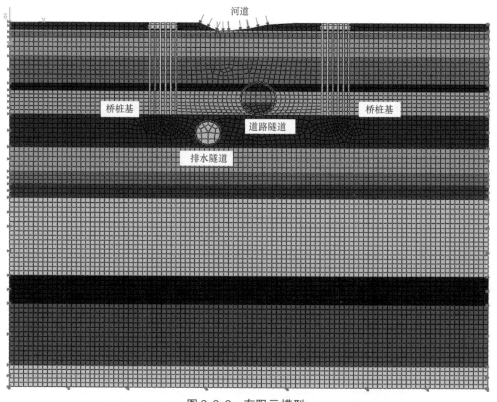

图 3.3.9　有限元模型

以道路隧道为主要研究对象,得到其在不同工况的整体变形和局部变形如表 3.3.7 所示。道路隧道的初始整体变形为直径变形率 2.66‰，小于规范限值 3‰。同样的重力＋地震工况计算条件下，考虑初始变形的直径变形率为 2.96‰，大于不考虑初始变形的 1.03‰。考虑初始变形的层间位移角同样也大于不计初始变形工况。

整体变形比较

表 3.3.7

整体变形	初始变形	考虑初始变形	不考虑初始变形
		地震工况 1	地震工况 2
直径变形率	2.66‰	2.96‰	1.03‰
层间位移角	—	1/1253	1/1520

图 3.3.10 为衬砌环在静力工况、考虑接头初始变形地震工况和不考虑初始变形地震三个工况的典型变形形式。衬砌环在重力、周围水土压力等荷载作用下的变形如图 3.3.10 (*a*) 所示，顶、底部向内压缩，两侧向外膨胀。由于荷载对称，整个模型的变形也呈对称形式。考虑接头初始变形的地震工况是在静力工况的基础上施加地震荷载，这种荷载施加方式与工程实际接近。图 3.3.10 (*b*) 为该工况的衬砌环变形形式，在静力变形的基础上，由地震荷载引起了微小的侧向变形，但总体上还是以静力变形为主，这在整体变形的直径变形率上也有体现。图 3.3.10 (*c*) 为不考虑接头初始变形地震工况，衬砌环呈斜向变形，没有静力工况变形的特征。综合以上分析可以看出，地震引起的衬砌环变形比静力变形小，整体变形中仍是静力变形为主导，这与盾构隧道抗震设计中地震工况不起控制作用相吻合。只考虑地震作用时，虽然变形形式与静力变形不同，但抗震验算时需与静力工况叠加，叠加后的结果接近图 3.3.10 (*b*)。因此，从整体变形的角度，抗震设计时考虑接头初始变形更为合理。

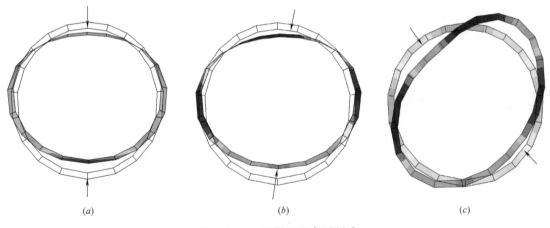

图 3.3.10　不同工况变形形式

(*a*) 静力工况；(*b*) 考虑接头初始变形地震工况 1；(*c*) 不考虑接头初始变形地震工况 2

盾构隧道的局部变形主要比较各管片接头的纵缝张开量，管片接头位置与张开量如图 3.3.11 和表 3.3.8 所示。从初始接头张开量来看，由于接头位置对称分布，对称位置的接头张开量变形基本相当。地震工况中，考虑初始变形的接头最大张开量普遍大于不考虑初始变形的张开量，其中在 6 号接头考虑初始变形的张开量比不考虑的工况大近 3.5 倍，

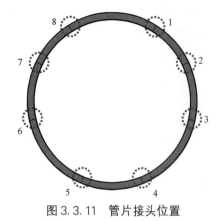

图 3.3.11 管片接头位置

在 1 号接头两工况变形量最接近，考虑初始变形的工况张开量也比不考虑的工况大 16%。

从各工况的接头张开量可见，在某些接头地震工况 1 的张开量比静力工况与地震工况 2 的叠加还要大。这说明衬砌环的局部变形并不是静力工况与地震工况的简单叠加，地震荷载对接头初始变形的放大是非线性的。常规的抗震设计中静力变形与地震变形叠加的方式可能会危害衬砌环的局部变形安全，地震设计中考虑接头的初始变形是有必要的。

局部变形比较

表 3.3.8

接　　头	初始接头张开量（mm）	考虑初始变形接头张开量(mm)	不考虑初始变形接头张开量(mm)
		地震工况 1	地震工况 2
1	0.990	1.16	1.00
2	−0.648	−1.07	−0.25
3	−0.052	−0.48	−0.18
4	0.092	0.27	0.10
5	0.113	0.24	0.09
6	−0.061	−0.49	−0.11
7	−0.662	−0.85	−0.24
8	0.924	1.78	0.85

注：管片内侧张开为"＋"，外侧张开为"－"。

3.4 深层调蓄隧道抗震

近年来极端气候频现，北京、上海等大城市都出现了短时间强降雨导致的"雨水淹城"现象，造成了径流污染、雨水资源大量流失、生态环境破坏等诸多问题。城市内涝不仅淹没低洼区域的房屋、道路，给当地居民造成巨大的财产损失和生活不便，而且大量的雨水会涌入排污管道，使污水溢出至路面。为解决这些问题，自 2013 年起，国家大力提倡建设"海绵城市"，即城市能够像海绵一样，在适应环境变化和应对洪涝灾害等方面具有良好的"弹性"，下雨时吸水、蓄水、渗水、净水，雨后需要时将蓄存的水"释放"并加以利用[88]，具有应对气候变化、极端降雨的防灾减灾、维持生态功能的能力。建造城市深埋调蓄系统正是建设"海绵城市"的重要手段，国外很多城市建设了包括调蓄隧道、泵站和雨水处理厂在内的深层排水调蓄管道系统，以达到排水、防洪、污水处理等多种目的。深埋调蓄隧道是排水调蓄系统中最重要的部分。

大城市中的浅层地下空间一般已被地铁、地下停车场、地下商业中心等占据，东京、芝加哥等城市的调蓄隧道均在深层地下空间建设。深埋调蓄隧道一般采用盾构法施工，具有直径大、地层条件复杂、施工难度大等特点[89]。隧道运营时，将大量收集外部雨水，同时隧道内的水压力将不断增大。在充满状态，隧道内将产生高达几十米水头的内水压力。内外压力共同作用在管片上，使隧道的受力状态更加复杂。如果此状态下发生地震，大量的水体不仅会产生很大的惯性作用，而且水体对隧道内壁还会产生附加的动水压力，危害隧道防水的安全。因此，地震作用下大直径深埋调蓄隧道内水体对结构的影响不可忽视[90]，不仅要研究隧道结构的地震响应，还要考虑流体与结构的动力耦合作用，这是盾构隧道工程面临的新挑战。

3.4.1　隧道抗震分析

城市深埋调蓄隧道在我国属于新生事物，目前对其抗震性能的研究较少。然而对于浅埋输水隧道的抗震性能，已取得了有意义的研究成果：禹海涛等[91]研究了非一致地震激励下长距离输水隧道的地震响应，将隧道内的水体简化为附加质量施加在结构上，但未考虑内部水体与结构的相互作用；陈健云和刘金云[90]采用基于势函数的流-固耦合单元，对大管径输水隧道在内水作用下的地震响应进行了分析，但该方法较为复杂，不易推广应用；楼云峰[92]等采用基于任意拉格朗日-欧拉（ALE）描述法的流-固耦合方法，对大直径双线输水隧道在流体作用下的地震响应进行了分析，但 ALE 法涉及网格大变形问题，动力分析中容易出现计算不收敛的状况。在水电工程分析中，常用耦合欧拉-拉格朗日（CEL）方法研究流体-结构耦合问题，此方法具有较高的计算效率和计算精度[93]。而且该方法与深埋调蓄隧道的抗震问题很契合，目前为止这一方面的研究还较少，可作为主要研究手段。

本节提出基于耦合欧拉-拉格朗日算法的深埋调蓄隧道地震响应分析方法，以某工程为例，建立包括场地、隧道和水体的三维有限元模型，考虑水体与隧道结构的耦合作用、土与结构的动力相互作用和场地无限元边界等众多因素，进行地震激励数值模拟，比较研究了不同水位工况下隧道结构内力、变形以及动水压力对隧道的影响。

（1）耦合欧拉-拉格朗日（CEL）算法

拉格朗日算法以物质坐标为基础，在所要分析的物体上划分单元网格。有限元网格的节点固定在物体材料上，单元变形与材料变形一致，单元边界与材料边界一致，如图3.4.1（a）所示。该方法能够简化控制方程的求解过程，可以准确地描述物体边界的运动轨迹，但涉及大变形问题时，可能造成单元网格畸变，从而导致计算无法收敛。因此，拉格朗日算法主要用于解决固体力学中的问题。

而欧拉算法以空间坐标为基础，在所要分析的空间区域划分网格。有限元网格节点即为空间点，在数值计算过程中，有限元节点固定在空间上且不发生变形，而材料在单元内发生流动变形，如图 3.4.1（b）所示。材料边界并不依赖于有限元网格，而是在每个时间步都要重新计算确定。计算中，如果有材料在分析时移动到网格外，则这部分材料将不会在分析中计入。该算法能较好地处理大变形问题，但不能精确捕捉边界点的运动。因此，欧拉算法主要用于解决流体力学中的问题。

拉格朗日算法和欧拉算法都有自身的优势和不足，如果将二者结合起来，取长补短，则能够解决一些更为复杂的问题。耦合欧拉-拉格朗日（CEL）算法最早由 Noh[95] 提出，

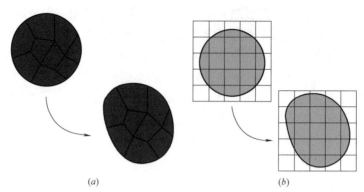

图 3.4.1　拉格朗日算法与欧拉算法中连续体的变形[94]
(*a*) 拉格朗日算法；(*b*) 欧拉算法

结合有限差分法求解了可移动边界二维流体动力学问题。耦合的欧拉-拉格朗日有限元分析方法结合了拉格朗日网格与欧拉网格的优点，采用欧拉算法中网格固定而材料可以在网格中自由流动的方式建立数值模型，避免了网格大变形导致计算难收敛的问题；同时，通过欧拉-拉格朗日的接触算法，利用拉格朗日网格得到模型准确的应力、应变响应。因此，耦合欧拉-拉格朗日算法对深埋调蓄隧道的抗震问题的研究有很好的适用性。

(2) CEL 流-固耦合作用

在应用耦合欧拉-拉格朗日算法研究流-固耦合问题时，一般将流体定义为欧拉单元、固体定义为拉格朗日单元。因此，本节中水体为欧拉单元，而隧道结构为拉格朗日单元，二者的接触问题即为流-固耦合问题。需要说明的是：本节的流-固耦合问题专指水体与结构的相互作用，不同于一般的水与土体的流-固耦合问题。

在流体力学的研究中，通常采用罚函数接触算法来描述 CEL 流-固耦合行为[96-97]，具体做法是：当欧拉单元与拉格朗日单元发生穿透现象时，在被穿透面节点上施加与穿透方向相反的集中力，力的大小与穿透距离呈正比；同时，相反的集中力施加在穿透面的节点上，如图 3.4.2 所示。本小节将采用罚函数接触算法来描述水体与隧道结构的流-固耦合行为。

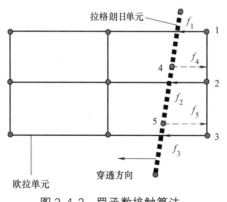

图 3.4.2　罚函数接触算法

(3) 土-结构相互作用

地震发生时，隧道结构与周围土体的运动可能并不一致，可能出现相对挤压、滑移，甚至在局部位置发生脱离。鉴于土-结构相对运动的复杂性，为真实模拟隧道结构与周围土体的相互作用，在有限元模型中应充分考虑二者接触行为的定义。本节土-结构接触采用运动学接触算法，这种算法对于不共节点的两接触面的网格穿透有很好的修正效果。每个增量步计算中，该算法都会寻找网格穿透的深度及相应穿透区域的质量；以此为基础计算消除网格穿透需要的反力，并施加在网格单元节点以消除穿透现象。

土与结构接触面的法向定义为硬接触[98]，即二者只有在压紧状态时才能传递法向压力，这种接触关系可以有效限制在计算中可能发生的穿透现象。土与结构接触面的切向选用摩擦模型，该模型包含两种状态：当土与结构之间的摩擦力小于极限值时，接触面处于粘结状态；摩擦力大于极限值之后，接触面开始出现相对滑动，处于滑移状态。其中对于粘结状态，本节采用 Coulomb 定律计算剪应力极限值 τ_{crit}：

$$\tau_{crit} = \mu p \tag{3.3}$$

其中，μ 为摩擦系数，p 为接触压力。对于滑移问题，为保证数值计算的稳定性，计算模型采用弹性滑移变形接触，即接触面粘结在一起时允许发生少量相对滑移变形。

（4）土体无限元边界

半无限空间有限元模型中，为避免地震波引起的能量在模型四周边界发生反射，可在模型边界处设置无限单元。该种单元一般与普通单元连接在一起，模拟远场：地震波通过有限元传播，透射穿过与无限元的交界面，进入无限元区域并向远场传播。这种做法可有效消除地震波在模型四周边界反射的影响[99]。无限元一般由适当的衰减函数控制，具体做法是在有限元区域与无限元区域的交界面处设置分布阻尼[100]。对于压缩波和剪切波，消除二者反射的压缩波阻尼系数 d_p 和剪切波阻尼系数 d_s 可分别表示为：

$$d_p = (\lambda + 2G)/v_p \tag{3.4}$$

$$d_s = \rho v_s \tag{3.5}$$

其中，λ 为拉梅常数，G 为剪切模量，ρ 为有限元材料密度，v_p 和 v_s 分别为压缩波和剪切波的波速。

（5）计算模型

以某城市深埋调蓄隧道工程为研究对象建立三维数值模型，研究隧道结构的地震响应。该隧道工程采用盾构法建设，隧道内径 10m，基本埋深 50m。当隧道内充满水时，内部最大静水压力高达 0.6MPa。盾构隧道有限元模型等效为刚度折减的连续结构，横向和纵向刚度折减系数根据文献［92］和［101］的方法取值。

隧道所处的粉质黏土和粉质黏土夹粉砂层为隔水层；上覆粉砂层，下卧中粗砂和粉砂层，均为承压层。根据工程所在城市的总体地质条件和工程场地的地质勘查状况，数值模型的计算深度取 155m。依据实际勘察资料进行场地的建模，从地表向下将场地划分为 16 层具有不同厚度的土层。各土层模型均简化为水平层，土层参数如表 3.4.1 所示。隧道模型和场地模型均采用八节点六面体实体单元，隧道内水体模型采用三维欧拉单元建立。本小节选取隧道埋深最大区段纵向 100m 区域进行研究，最终建立的三维数值模型尺寸 100m×100m×155m，共计单元 591，456 个、节点 639，972 个，如图 3.4.3 所示。

场地模型底部约束竖向自由度，顶面为自由边界；横向采用无限元边界且模型场地宽度大于 5 倍隧道直径[86]，避免地震波发生反射。隧道结构的弹性模量为 32.5GPa，泊松比 0.2，密度 2650kg/m³。隧道内的水体假定为无黏性牛顿流体，密度 1000kg/m³。本小节动力计算所用的地震波为 50a 超越概率 10％的上海人工波，地震波于模型场地底面横向输入。

	土层参数			表 3.4.1
土层名称	密度(kg/m³)	剪切波速(m/s)	黏聚力(kPa)	内摩擦角(°)
杂填土	1820	100	10.3	17
黏土	1860	110	21.2	13.9
淤泥质粉质黏土	1760	110	11.2	15
淤泥质黏土	1690	160	10.6	11.6
黏土	1760	210	14.3	15.3
粉质黏土	1780	229	14.5	17.2
粉质黏土	1970	314	48.1	17.2
粉砂	1880	352	4	31
粉质黏土	1810	262	20.3	16.7
粉质黏土夹粉砂	1830	291	23.7	18.3
中粗砂	2020	438	4	35
粉砂	1970	372	4.8	32.8
粉质黏土	1950	346	58	17.3
粉砂	1950	385	2.9	34.5
细砂	1930	400	3.8	33.9
黏土	2000	283	83.8	15.7

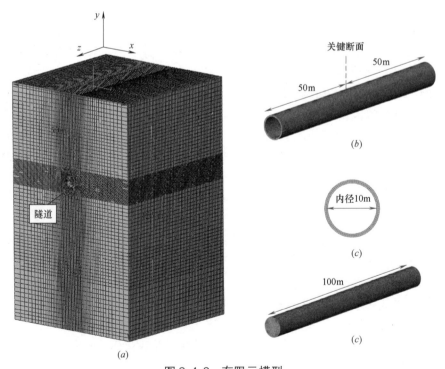

图 3.4.3 有限元模型

(a) 整体模型;(b) 隧道模型;(c) 关键断面;(d) 水体模型

(6)模拟结果分析

首先对整体模型进行静力计算，分别得到空管和满管两工况的受力和变形状态，如图 3.4.4 所示。满管工况中隧道的最大正、负弯矩比空管工况增大 13.5% 和 10.9%，最大正、负弯矩处隧道的变形增大 15% 和 16.9%，体现了内部水体对结构的影响。而对应的轴力却分别减小了 62.4% 和 53.1%。这是因为内水压的存在使隧道结构产生向外径向膨胀的趋势，减小了相邻管片之间的相互挤压作用，使得隧道结构轴力减小。

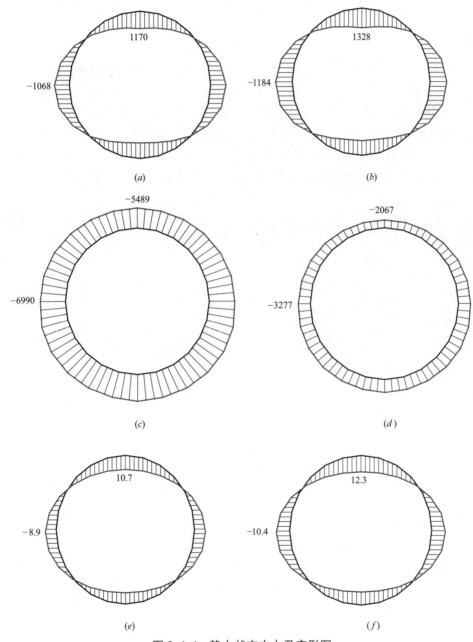

图 3.4.4 静力状态内力及变形图

（a）空管状态弯矩（kN·m/m）；（b）满管状态弯矩图（kN·m/m）；（c）空管状态轴力图（kN/m）；
（d）满管状态轴力图（kN/m）；（e）空管状态变形图（mm）；（f）满管状态变形图（mm）

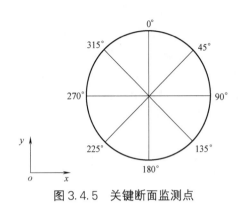

图 3.4.5　关键断面监测点

为对比地震作用下隧道内不同水位对结构内力和变形的影响，本节选取满管、半管和空管三个工况进行研究。由于本节数值模型的横断面形状一致，因此取纵向中间断面为标准断面考查结构的内力和变形情况，具体位置如图 3.4.3（b）所示。选取隧道关键断面（见图 3.4.3）上的 8 个观测点考察和研究隧道结构的内力和变形，如图 3.4.5 所示。为方便比较，动力计算分析中不考虑静力荷载的影响，因此本节所得的动力响应结果均为基于静力计算结果的增量值。

图 3.4.6 给出了动力作用下关键断面各观测点的最大弯矩和轴力图。由图 3.4.6 可知，满管状态下隧道的最大正弯矩是半管状态的 2.4 倍，是空管状态的 9.2 倍；最大负弯矩是半管状态的近 2 倍，是空管状态的 4.6 倍。很明显，内水的存在对隧道结构地震响应有很大的影响；相对于空管状态，满管和半管状态下隧道结构的受力模式也有很大的改变，如空管状态最大正弯矩在 270°位置，而满管

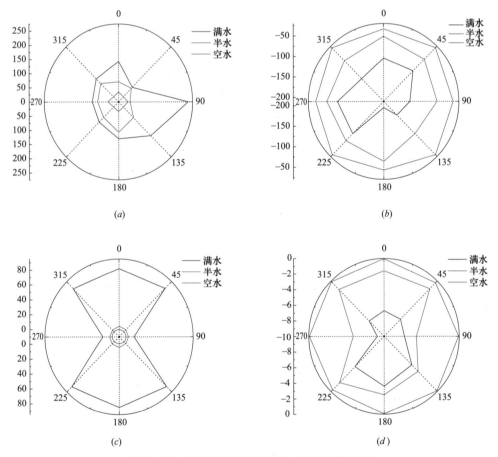

图 3.4.6　关键断面最大弯矩、剪力和变形图

（a）正弯矩（kN·m）；（b）负弯矩（kN·m）；（c）正轴力（拉力，kN）；（d）负轴力（压力，kN·m）

和半管状态则分别出现在 90°和 180°位置。隧道内水量的不同，对隧道结构的抗震受力状态也会产生不同影响。满管状态下，隧道最大正、负弯矩的增量分别为静力值的 19.4％和 16.5％；而空管状态下，最大正、负弯矩增量仅为静力值的 3.3％和 3.6％。地震作用下，深埋隧道结构受内部水体的影响强于受场地的影响。因此，在调蓄隧道抗震设计时应充分重视内部水体的作用。

　　表 3.4.2 为隧道在地震作用下的直径最大变化率。由表可见，满管工况下的隧道直径最大变化率大于半管工况和空管工况，与断面内力相似；3 个工况中隧道最大直径变形率均出现在 0°/180°的位置，而 90°/270°位置处的直径变形率最小。空管和满管静力状态下，隧道的最大直径变形率分别为 1.94‰D 和 2.23‰D，远大于地震作用的变形增量。这说明相对于水体对隧道变形的影响，隧道的变形更多受控于静力状态下的场地土体。此外，我国尚没有关于调蓄隧道抗震最大变形的规范要求，根据《地下结构抗震设计标准》：圆形断面结构弹性直径变形率限值为 4‰D[60]。将动力作用下的最大直径变形率与静力最大变形进行叠加，发现叠加后的最大直径变形率也没有超过规范限值。因此，本小节调蓄隧道结构在满管、半管和空管状态下，均满足变形安全要求。

隧道直径变形率　　　　　　　　　　　　　　　　表 3.4.2

位置	满管工况	半管工况	空管工况
0°/180°	0.60‰D	0.52‰D	0.27‰D
45°/225°	0.56‰D	0.49‰D	0.25‰D
90°/270°	0.51‰D	0.44‰D	0.23‰D
135°/315°	0.56‰D	0.48‰D	0.25‰D

注：D 为隧道直径。

　　图 3.4.7 为半管工况中水体的变化情况。由图可见，地震开始前的初始状态，水面平

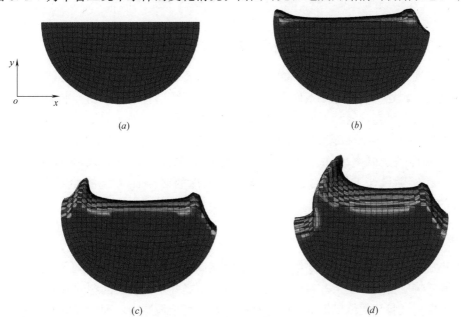

(a)　　　　　　　　　　　　　　　　　　　(b)

(c)　　　　　　　　　　　　　　　　　　　(d)

图 3.4.7　半水工况水体波动情况
(a) $t=0$；(b) $t=6s$；(c) $t=8s$；(d) $t=10s$

静［图 3.4.7（a）］；当地震开始一段时间后，水体表面有轻微的起伏［图 3.4.7（b）］；随着地震强度的增大，水体的波动也在逐渐增大［图 3.4.7（c）和（d）］。地震过程中，水体除与隧道内壁相互作用外，水体本身的惯性作用也对波动的增大产生了影响。

图 3.4.8 为地震过程中隧道内每一时刻的最大动内水压的时程。由图可见，无论是满管工况还是半管工况，在地震过程中隧道内的最大动内水压力基本在 0.1MPa 以下，但在个别时刻满管工况和半管工况的最大动水压力分别达到 0.33MPa 和 0.22MPa。此外，半管工况和满管工况中最大动内水压均出现在同一时刻，说明地震波对隧道内动水压力的变化起控制作用。对于本小节深埋调蓄隧道，设计最大静内水压为 0.6MPa，而满管工况下的最大动内水压达到设计最大值的 55%，对隧道接头防水安全性产生很大的威胁。该深埋隧道沿线环境极为复杂，下穿桥梁、地下道路、轨道交通线、防汛墙、居民小区等多种重要结构物，若因地震发生渗漏可能将对周围环境产生严重的危害。因此，设计时应特别加强隧道接头的防水措施，确保隧道防水安全。

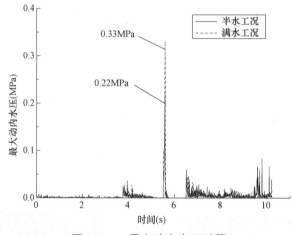

图 3.4.8　最大动内水压时程

城市深埋调蓄隧道在建设中可能会穿越承压水层、隔水层等不同含水条件的地层。建成运营过程中，处于不同地层条件的隧道结构受力和变形将千差万别。本小节只针对一种地层条件开展了研究，实际上城市深埋调蓄隧道的抗震问题是非常复杂的。

在出现多年不遇的持续大暴雨时，雨水才能充满深埋调蓄隧道；而发生设防烈度的地震，同样是小概率事件。本节开展的满管工况抗震计算是两种小概率事件的叠加，对于在实际设计工作中考虑这种偶发生事件的必要性和经济性同样是在今后值得研究的课题。

3.4.2　竖井抗震分析

竖井是连接盾构隧道的重要组成部分，深层调蓄隧道的竖井地墙可深达 100m，竖井结构的地震响应也更加复杂。目前，国内外对地下竖井结构抗震问题的研究方法主要有理论分析、模型试验和数值模拟等。竖井结构多处于复杂地层中，理论分析方法一般并不适用于竖井的抗震问题。模型试验法针对工程实际情况，依据相似理论制作试验结构模型，根据需求还要制备模型土以模拟地下结构周围的土层[104]。这种方法耗时长、经济成本高，很难做到对工程的快速安全评估。数值模拟方法能综合考虑结构的真实性、地层的复杂性、工况的多样性等特点，相较其他方法有较为明显的优势。地下结构抗震分析的数值计算方法多种多样，其中又以三维时程分析法最具有高仿真性。陈向红等[105]采用三维动力时程法分析了水下隧道附属竖井的横向地震响应，研究了在不同围岩环境中竖井响应的区别；于新杰等[106]研究了南京长江沉管隧道竖井的最大地震响应情况；肖梦倚和费文平[107]研究了半埋式深竖井的地震响应规律，并评估了其抗震安全性。但上述的研究对象均为方形竖井且结构简单，对于同时考虑复杂结构形式和场地条件的竖井结构的研究尚未见报道。

本小节以某工程为例，建立包括场地、隧道、竖井以及综合设施结构的三维有限元模型，考虑土与结构的动力相互作用和场地无限元边界等众多因素，进行地震激励数值模拟，通过结果分析对城市深埋调蓄隧道的地震安全性进行评估。

(1) 城市深埋调蓄系统

整个城市深埋调蓄系统一般由主线隧道、二、三级管网、综合设施、竖井及污水处理厂等多种类型的建、构筑物组成。雨洪来临时，大量的雨水涌入竖井，井内设置竖向旋流渠道以减小雨水下落时的冲击势能。通过竖井将雨水贮存在隧道和管网内，待雨洪过后，将管内雨水、污水进行净化，然后排出，工艺流程如图3.4.9所示。深埋调蓄系统结构形式复杂，竖井结构上部与调蓄系统的综合设施合建，下部与盾构隧道相连，因此有必要对其进行抗震安全评估。

(2) 计算模型

本小节以某在建的深埋调蓄系统工程为研究对象，建立三维有限元数值模型，研究系统中竖井、隧道和综合设施的连接处的地震响应。其中，竖井为圆形，直径33.8m，深度63.5m，采用地墙围护；盾构隧道内径10m，管片厚度0.65m，基本埋深50m；综合设施为4层框架结构，每层板均与竖井内的每层圆形隔板连为一体。

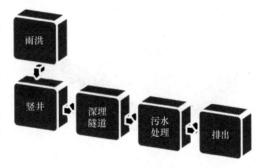

图3.4.9 深埋调蓄隧道工作流程

根据工程所在城市的总体地质条件和工程场地的地质勘查状况，数值模型的计算深度取155m。依据实际场地勘察资料进行场地的建模，从地表向下将场地划分为16层。各土层模型均简化为水平层，土层参数如表3.4.3所示。

工程场地采用实体单元建模，竖井、隧道结构及综合设施的板、墙采用壳单元模拟，综合设施的梁、柱采用梁单元模拟。数值模型以竖井为中心，水平范围内横、纵向均取300m场地范围，满足场地边界大于结构（3～5）D[86]的要求。场地模型底部约束竖向自由度，顶面为自由边界。场地与结构的法向相互作用定义为硬接触，切向为摩擦接触。隧道模型采用刚度折减的连续结构来等效，横向和纵向刚度折减系数根据文献［92］和文献［101］取值，竖井与隧道、综合设施均为刚性连接。最终建立的三维数值模型尺寸300m×300m×135m，共计单元147856个、节点152350个，如图3.4.10所示。

土层参数   表 3.4.3

土层名称	密度(kg/m³)	剪切波速(m/s)	黏聚力(kPa)	内摩擦角(°)
杂填土	1820	100	10.3	17
黏土	1860	110	21.2	13.9
淤泥质粉质黏土	1760	110	11.2	15
淤泥质黏土	1690	160	10.6	11.6
黏土	1760	210	14.3	15.3
粉质黏土	1780	229	14.5	17.2
粉质黏土	1970	314	48.1	17.2
粉砂	1880	352	4	31
粉质黏土	1810	262	20.3	16.7
粉质黏土夹粉砂	1830	291	23.7	18.3
中粗砂	2020	438	4	35
粉砂	1970	372	4.8	32.8
粉质黏土	1950	346	58	17.3
粉砂	1950	385	2.9	34.5
细砂	1930	400	3.8	33.9
黏土	2000	283	83.8	15.7

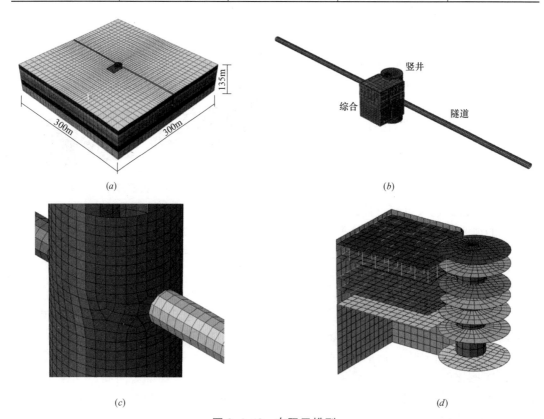

(a)   *(b)*

(c)   *(d)*

图 3.4.10 有限元模型

（*a*）整体模型；（*b*）结构相对位置；（*c*）竖井与隧道连接处；（*d*）竖井与综合设施内部构造

(3) 模拟结果分析

本节动力时程分析所用的地震波为上海人工波。根据《地下结构抗震设计标准》[58]，深埋调蓄系统结构为重点设防类，需考虑设防烈度地震和罕遇地震两种荷载等级下的动力响应；另外，由于结构形式为非对称，需分别考虑结构纵向（平行于隧道轴向）和横向（垂直于隧道轴向）的地震响应，计算工况见表 3.4.4。

<table>
<tr><td colspan="3" style="text-align:center">计算工况　　　　　　　　　　　　　　　　表 3.4.4</td></tr>
<tr><th>工况号</th><th>地震强度</th><th>地震输入方向</th></tr>
<tr><td>1</td><td>设防烈度地震</td><td>纵向</td></tr>
<tr><td>2</td><td>设防烈度地震</td><td>横向</td></tr>
<tr><td>3</td><td>罕遇地震</td><td>纵向</td></tr>
<tr><td>4</td><td>罕遇地震</td><td>横向</td></tr>
</table>

为研究地震作用下隧道不同位置的动力响应规律，选取隧道与竖井连接处、隧道中部（距隧道与竖井连接处 50m）和隧道远端位置（距隧道与竖井连接处 100m）的加速度时程曲线进行对比，如图 3.4.11 所示。所选取三处位置的加速度响应波形基本一致，但隧道与竖井连接处的加速度响应大于其他两处，最大加速度峰值达到 0.2g；而隧道中部和隧道远端的峰值加速度分别为 0.15g 和 0.13g。

图 3.4.12 为竖井与隧道连接处、竖井顶部及底部的加速度时程曲线。由图可见，由于竖井与隧道连接处距离竖井底部较近（约 12m），故二者震动波形相似；竖井顶部距底部近 60m，受场地土体等因素的影响，其震动波形与底部略有不同。竖井与隧道连接处地震响应最大，峰值加速度 0.24g，此处为结构体系的薄弱部位，地震过程中有应力集中发生。

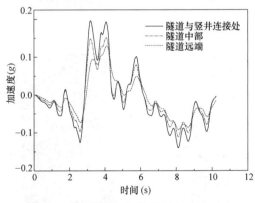

图 3.4.11　隧道不同位置的加速度响应

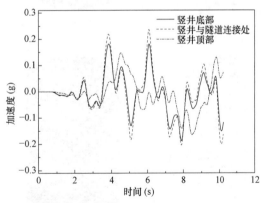

图 3.4.12　竖井不同位置的加速度响应

图 3.4.13 为综合设施结构底板、中间板和顶板的加速度时程曲线。三处加速度响应波形相似，中板和顶板的响应较顶板有略微滞后，体现了地震波由下向上的传播路径。顶板的地震响应最大，中板次之，底板最小。

由上述计算结果可见，相较于其他位置，竖井与隧道连接部位的地震响应最大。因此，有必要对该处的内力进行验算。设防烈度地震作用下，竖井的最大弯矩和相应的轴力

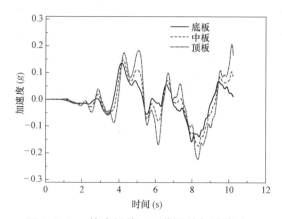

图 3.4.13 综合设施不同位置的加速度响应

如图 3.4.14 所示。

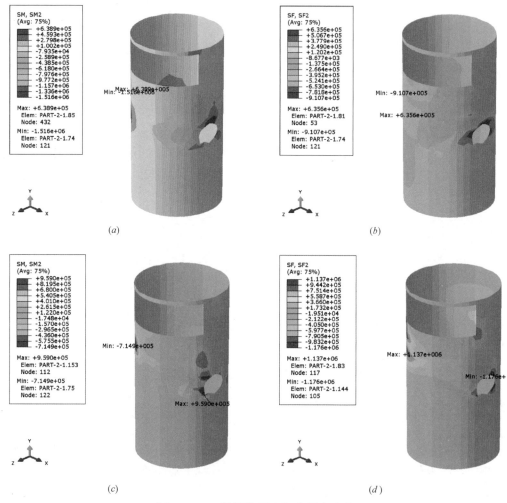

图 3.4.14 地震作用下竖井最大内力

（a）设防烈度工况弯矩；（b）设防烈度工况轴力；（c）罕遇地震工况弯矩；（d）罕遇地震工况轴力

根据《地下结构抗震设计标准》的规定，对静力工况下的结构内力和设防烈度地震引起的内力增量进行组合，如表 3.4.5 所示。地震作用组合后的弯矩和轴力均小于静力工况的结果。

竖井结构内力　　　　　　　　　　　　　　　　　　　　　　表 3.4.5

内力组合值	最大正弯矩(kN·m)	最大负弯矩(kN·m)	最大轴力(kN)
纵向输入工况	9569	−26378	−22383
横向输入工况	9111	−25921	21652
静力工况	9664	−30466	−23580

根据规范要求，除设防烈度地震作用下的结构内力外，还需对设防烈度地震和罕遇地震作用下的结构变形进行验算。综合设施结构为 4 层，每层板均与竖井内的隔板刚性相连，可看作一个整体。规范规定以结构的层间位移角作为变形验算的判别指标，本节结构的层间位移角如表 3.4.6 所示。结构各层的层间位移角均小于规范限值，满足要求。

结构层间位移角　　　　　　　　　　　　　　　　　　　　　表 3.4.6

分层	层间位移角			
	设防烈度地震		罕遇地震	
	纵向工况	横向工况	纵向工况	横向工况
1/2	1/603	1/972	1/321	1/458
2/3	1/810	1/1078	1/425	1/505
3/4	1/557	1/938	1/302	1/435
4/5	1/675	1/1013	1/362	1/468
规范限值	1/550		1/250	

基于数值分析结果，结构设防烈度地震作用组合内力小于静力工况的内力，弹性变形和弹塑性变形均小于规范限值。因此，可认为在本工程中，地震工况不起控制作用。

综上，以城市深埋调蓄系统中的竖井-综合设施-深埋隧道结构体系为研究对象，建立三维有限元模型，以时程分析法研究了结构体系的地震响应并对结构体系的地震安全性进行了评估。竖井结构上盾构隧道进出洞处的地震响应大于结构体系的其他部位，该处内力亦远大于其他部位，因此需采取措施进行加强。此外，对设防烈度地震作用下的结构内力进行验算，地震作用组合内力小于静力工况设计组合内力；对罕遇地震作用下的结构变形进行验算，结构最大层间位移角小于规范限值，可认为对于该结构体系，地震力不起控制作用，结构在地震作用下处于安全状态。本小节研究结果不仅可为今后的工程抗震设计提供理论依据，而且对指导和完善设计工作具有实际意义。

3.5　矩形盾构抗震

矩形盾构隧道以其较高的断面利用率、较浅的安全埋置深度、较低的地下空间占用率，在"寸土寸金"的大城市具有显著的经济和社会效益，更能适应都市核心区的要求。同时，矩形盾构隧道作为国内一种较新的施工方法，以长距离、曲线掘进的特点，填补了国内地下空间建设的空白[108]。矩形盾构的分块方式、受力特点等与常规的圆形断面盾构隧道有很大的不同。本节以矩形盾构隧道工程案例为研究对象，分析这种特殊隧道的地震响应特征。

3.5.1 工程概况

本节的工程背景为虹桥临空 11-3 地块地下连接通道[108]，工程位于福泉北路下，连接虹桥临空 11-3 地块与 10-3 地块（下穿福泉北路）。交通对象以小型车辆为主，兼顾两地块之间穿行行人。该工程由两个工作井和一段矩形盾构隧道组成，隧道长约 30m，其纵断面如图 3.5.1 所示。隧道的覆土厚度约为 6m，如图 3.5.2 所示。隧道的顶部有上水、信息排管、污水管、煤气、电力排管等市政管线，工程条件复杂。

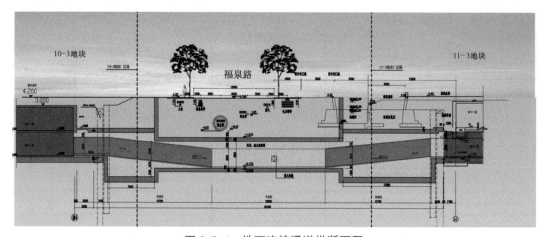

图 3.5.1　地下连接通道纵断面图

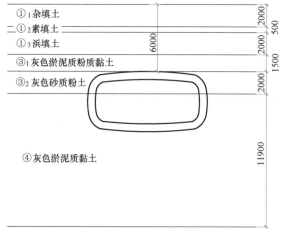

图 3.5.2　地质隧道顶部地层分布图

3.5.2 抗震计算参数

(1) 抗震设计基本条件和场地抗震参数

抗震设防烈度为 7 度，场地类别为Ⅳ类，设计地震分组为第一组，设计基本地震加速度值为 0.1g。由相关资料确定各个土层中剪切波的传播速度。根据统计规律，给出了隧道深度土颗粒峰值速度、峰值加速度、振幅与地表土颗粒峰值加速度比例关系。

将地表峰值加速度做相应折减，得到隧道深度的峰值加速度：

$$a_s = 1.0 \times 0.1g \qquad (3.6)$$

根据隧道深度的峰值加速度计算隧道深度土的峰值速度：

$$V_s = 208 \text{cm}/g \times a_s \qquad (3.7)$$

根据波动方程基本公式可以由以下公式确定剪切波的振幅：

$$A = \left(\frac{L}{2\pi C_s} \right) \times V_s \qquad (3.8)$$

由以上公式可知，本工程中隧道深度土的峰值加速度为 0.1g，峰值速度 0.208m/s，剪切波波长取为土层厚度的 4 倍，为 280m，则剪切波振幅 0.062m。

（2）地质参数

土体的动剪切模量：

$$G_m = \rho_m C_s^2 \qquad (3.9)$$

其中，ρ_m 为土体密度，根据地勘资料取为 $1.7 \times 10^3 \text{kg/m}^3$，$C_s$ 为土层中剪切波的传播速度，可得土体动剪切模量为 $3.834 \times 10^4 \text{kPa}$。

（3）矩形隧道结构参数

隧道管片横断面外包尺寸为 9750mm×4950mm×1000mm，管片形式为复合夹层管片，外层为钢板，内芯填充混凝土。混凝土等级为 C60，钢板采用 Q345 钢。结构主要截面尺寸见图 3.5.3。

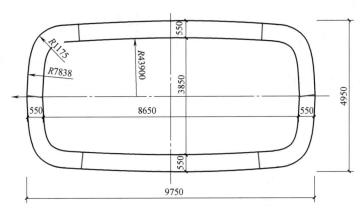

图 3.5.3　隧道断面尺寸图

本节选取的结构断面位于盾构段，在结构分析中按刚度 EI 等效原则将钢板刚度折算到混凝土刚度中，以便于进行分析。

（4）地层分布

根据各区段结构所处工程地质和水文地质条件、埋置深度、特殊荷载等条件，并结合已有的试验、测试资料，选用结构所在各土层的参数，如表 3.5.1 所示。

盾构隧道段主要土层参数 表 3.5.1

土层	土层名称	层厚(m)	重度(kN/m³)	φ(°)	c(kPa)
1	褐黄-灰黄色粉质黏土	2.02	17.6	17	6
2	灰色淤泥质粉质黏土	2.05	17.2	15.5	10
3	灰色砂质粉土	1.73	18.2	29	4
4	灰色淤泥质黏土	11.96	16.6	11	9
5	灰色黏土	5.28	17.2	10	10

将相互作用的计算模型应用于地下结构的横断面地震反应分析，周围岩土介质的作用以多点压缩弹簧和剪切弹簧进行模拟，地下结构用梁单元进行模拟。

3.5.3　抗震计算模型

(1) 地层的变形模式

采用反应位移法抗震计算时，假定地层变形模式如图 3.5.4 所示。

$$u_a(z) = \frac{2}{\pi^2} \times S_V \times T_s \times \cos\left(\frac{\pi z}{2H}\right)$$

$$u_t(x,z) = u_a(z) \times \sin\frac{\pi x}{2L} \quad (3.10)$$

其中，S_V 为震动基准面速度反应谱 (m/s)，T_s 为地层的固有周期 (s)；L 为地层震动的波长 (m)。

为了更好地与动力时程方法进行比较，地层的变形也可由动力时程方法在有限元程序中直接得到，即通过在基岩面(地震面)输入不同类型的地震波计算得到隧道处土层变位，通过分别在基岩面输入 El Centro 波和上海人工波来获得地层的变形。

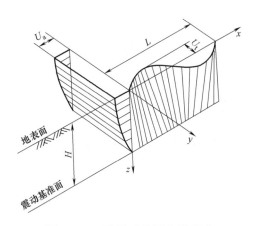

图 3.5.4　地震时地层变形模式

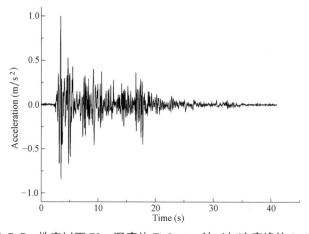

图 3.5.5　地表以下 70m 深度处 El Centro 波（加速度峰值 0.1g）

(2) 地层固有周期 T_s

地层的固有周期，一般根据建设地点的剪切波速计算。由多层构成的地层固有周期特征值 $T_G = 4 \sum_{i=1}^{n} \dfrac{h_i}{V_{si}}$。但由于地震发生时的地层应变大于勘测时的地层应变，考虑应变水平，取 $T_s = 1.25 T_G$，即：

$$T_s = 5 \sum_{i=1}^{n} \frac{h_i}{V_{si}} = 1.75\text{s} \tag{3.11}$$

(3) 震动基准面速度反应谱

震动基准面速度反应谱 S_u 为：

$$S_u = k_h \times S_V \tag{3.12}$$

其中，k_h 为设计水平地震系数，S_V 为单位水平地震系数的速度反应谱（m/s）。

根据规范，本工程的标准设计水平地震系数 $k_{h0} = 0.2$；埋深修正系数 $C_U = 1.0 - 0.015z$，其中 z 为结构中心埋深（m）。当 $C_U < 0.5$ 时，取 0.5。本工程中 $C_U = 0.877$；场地修正按场地性质情况分为 3 类，根据表 3.5.2 查得本工程场地修正系数 $C_G = 1.2$。

场地修正系数 表 3.5.2

场地类别	Ⅰ类	Ⅱ类	Ⅲ类
修正系数 C_G	0.8	1.0	1.2

设计水平地震系数 $k_h = C_G \times C_U \times k_{h0} = 0.21$，$S_V$ 可按图 3.5.6 确定，因本工程中 $T_S = 1.75s$，故 $S_V = 0.8\text{m/s}$，最终 $S_u = 0.168\text{m/s}$。

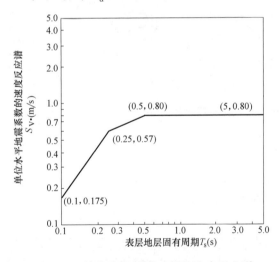

图 3.5.6 单位水平地震系数的速度反应谱

(4) 结构的计算分析模型

由于地震时结构和地层的相互作用关系极为复杂，计算时假定结构和地层之间通过各种弹簧连接。管片考虑为梁单元，接头考虑为转动刚度为 $4.5 \times 10^4 \text{kN} \cdot \text{m/rad}$ 的刚度单元，结构的计算分析模型如图 3.5.7 所示。

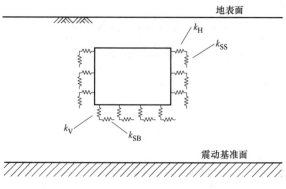

图 3.5.7　结构的计算分析模型

(5) 地基弹簧系数的确定

地基弹簧系数的取值与地层条件、结构形状尺寸及埋深等有关，而且还随地层应变大小而变，因此计算时要考虑这些因素。实际应用时可以采用静力有限元模型，假设地下结构产生单位强制位移，从而计算出各节点的反力，然后按下列各式计算。

$$\left.\begin{aligned} k_{H} &= \frac{\sum R_{HSi}}{l_{S} \times \delta_{H}} \\ k_{V} &= \frac{\sum R_{VBi}}{l_{B} \times \delta_{V}} \\ k_{SS} &= \frac{\sum R_{VSi}}{l_{S} \times \delta_{V}} \\ k_{SB} &= \frac{\sum R_{HBi}}{l_{B} \times \delta_{H}} \end{aligned}\right\} \tag{3.13}$$

式中　k_H——侧壁的水平方向弹簧系数（kN/m^3）；

k_V——底板的铅直方向弹簧系数（kN/m^3）；

k_{SS}——侧壁的剪切弹簧系数（kN/m^3）；

k_{SB}——底板的剪切弹簧系数（kN/m^3）；

l_S——侧壁的高度，为 4.4m；

l_B——底板的宽度，为 9.2m；

δ_H——水平方向的强制变位，取 1m；

δ_V——铅直方向的强制变位，取 1m；

R_{HSi}——水平方向强制变位下侧壁各节点作用的水平反力（kN/m）；

R_{HBi}——水平方向强制变位下底板各节点作用的水平反力（kN/m）；

R_{VSi}——铅直方向强制变位下侧壁各节点作用的铅直反力（kN/m）；

R_{VBi}——铅直方向强制变位下底板各节点作用的铅直反力（kN/m）

有限元模型水平边界确定：

$$L \geqslant 3H \tag{3.14}$$

其中，L 为有限元模型中地下结构侧壁距水平边界距离（m），H 为地层厚度（m）。

对于本工程，采用有限元分析程序计算，得到地层的动弹性系数：

$k_H = 4.494 \times 10^3 \text{kN/m}^3$　　　　$k_V = 1.782 \times 10^3 \text{kN/m}^3$

$k_{SS} = 23.147 \times 10^3 \text{kN/m}^3$　　$k_{SB} = 2.818 \times 10^3 \text{kN/m}^3$

(6) 结构质量引起的惯性力

本工程设防烈度为 7 度，设计地震分组为第一组，设计基本地震加速度值为 $0.1g$。

因此，结构质量引起的惯性力为：

$$P_1 = m \times 0.1g \tag{3.15}$$

(7) 土层变位引起的侧向土压力

根据反应位移法，周围介质在地震作用下产生变位对结构侧壁的作用可用下式计算：

$$p(z) = k_H \times [u(z) - u(z_B)] \tag{3.16}$$

式中　$p(z)$——距地表面深度为 z(m) 处地震时单位面积上的土压力（kPa）；

$u(z) - u(z_B)$——隧道结构顶板和底板处的地层变位差（m）；

　　　　k_H——地震时单位面积上的水平地基弹簧系数（kN/m³），为 $4.494 \times 10^3 \text{kN/m}^3$；

　　　　S_u——震动基准面速度反应谱（m/s），为 0.168m/s；

　　　　T_s——地层的固有周期（s），为 1.75s。

底板位置侧向土压力为 0kPa，顶板位置侧向土压力为 155.217kPa。

(8) 地震时结构周围剪应力

地震时结构周围剪应力按下式计算：

$$\tau = \frac{G_D}{\pi H} \times S_u \times T_s \times \sin\left(\frac{\pi z}{2H}\right) \tag{3.17}$$

式中　τ——距地表面深度为 z 处地震时周边单位面积上的剪力（kPa）；

　　　　G_D——地基的动剪切变形系数（kPa），为 $3.834 \times 10^4 \text{kPa}$。

对于结构顶板，$\tau_U = 6.88$kPa；

对于结构底板，$\tau_B = 11.85$kPa；

对于结构侧壁，$\tau_S = \dfrac{\tau_U + \tau_B}{2} = 9.367$kPa。

荷载计算：

$$\left. \begin{aligned} & p(z) = k_H[u(z) - u(z_B)] \\ & \tau_U = \frac{G_D}{\pi H} S_u T_s \sin\left(\frac{\pi z_U}{2H}\right) \\ & \tau_B = \frac{G_D}{\pi H} S_u T_s \sin\left(\frac{\pi z_B}{2H}\right) \\ & \tau_S = \frac{\tau_U + \tau_B}{2} \\ & P_1 = m \times 0.1g \end{aligned} \right\} \tag{3.18}$$

式中　z——地表面下深度（m）；

z_U——地下结构顶板距地表面深度（m）；

z_B——地下结构底板距地表面深度（m）；

k_H——侧壁的水平方向弹簧系数（kN/m³）；

m——地下结构的质量（kg）。

3.5.4 抗震计算结果

采用 ANSYS 有限元程序进行计算，结构管片考虑为梁单元，接头考虑为转动刚度为 4.5×10^4 kN·m/rad 的刚度单元。如图 3.5.8 所示。底部单元设置弹性地基系数，并设置弹簧单元模拟底板水平方向的弹簧系数。借助 SHAKE91 软件，分别用 El Centro 波和上海人工波输入得到相应的地层变形，分别计算所得侧向力和剪应力后直接施加在结构上。结构惯性力通过添加水平方向加速度 $0.1g$ 实现。计算结果如图 3.5.9 和图 3.5.10 所示。

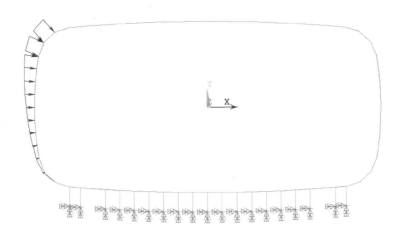

图 3.5.8　有限元分析模型

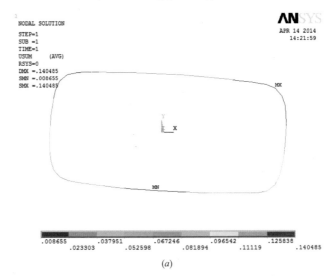

(a)

图 3.5.9　El Centro 波计算结果（一）

(a) 变形图（m）

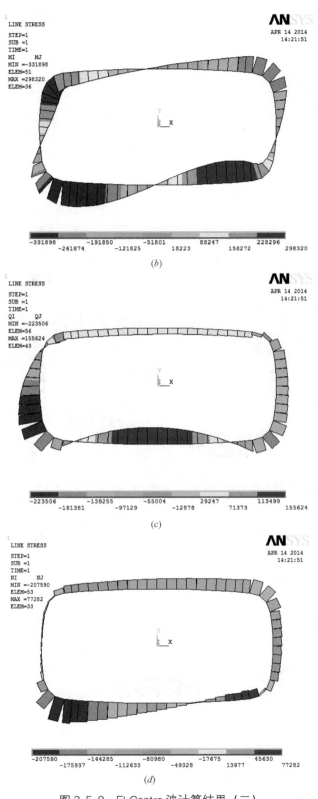

图 3.5.9　El Centro 波计算结果（二）

（b）弯矩图（N·m）；（c）剪力图（N）；（d）轴力图（N）

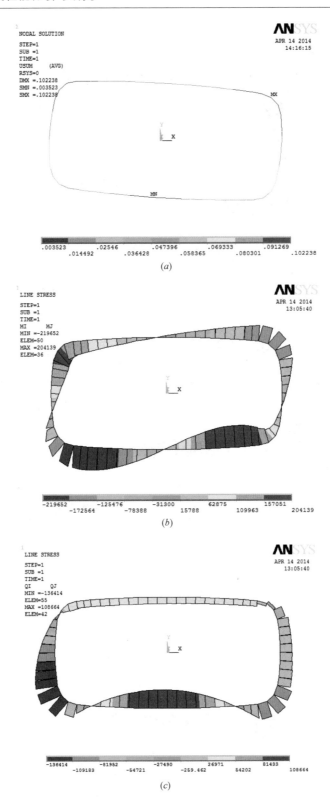

图 3.5.10 上海人工波计算结果（一）

（a）变形图（m）；（b）弯矩图（N·m）；（c）剪力图（N）

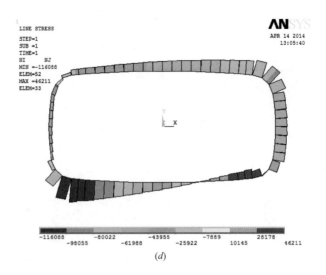

图 3.5.10　上海人工波计算结果（二）

(d) 轴力图（N）

由图可见，两种地震波作用下矩形盾构隧道的最大内力出现位置和变形形状均类似，这可能与采用反应位移法计算时，施加外部荷载的方式较为固定有关。矩形盾构隧道的受力为压剪模式与常规的圆形盾构压弯受力有很大的不同；此外，与明挖现浇地下结构相比，本工程的钢-混凝土管片刚度更大，但接头的刚度更小，这造成隧道结构的整体刚度更加不均匀。因此，若要得到更为准确的地震响应，还需在矩形盾构接头刚度等效和抗震计算方法两方面开展深入研究。

3.6　盾构隧道内预制车道板结构

国内外道路盾构隧道内部车道结构多为现浇施工，但该施工方法建设效率低、能耗高、产生建筑垃圾多、环境污染严重，而且局限于隧道内有限的施工空间和操作人员的素质，难以保证施工质量。为解决上述问题，可采用预制化施工的办法。本节以某工程为例，介绍考虑预制内部结构时盾构隧道的地震响应。

某道路隧道盾构段长度约 1400m，隧道外径 14m，管片厚度 600mm。内部结构为上下双层双车道，采用"预制构件＋接头＋少量现浇"方式实现内部结构的全预制化施工，横断面如图 3.6.1 所示。

为比较研究，根据构件连接方式的不同将内部车道结构简化为四种形式[109]，如图 3.6.2 所示。四种简化方式中，立柱与管片之间均为固接，车道板与管片之间的连接方式简化为固接、无连接、铰接和链杆连接四种方式。

建立二维有限元模型，对不同简化方式的车道结构和盾构隧道进行分析。采用时程分析法计算，建立地层结构模型如图 3.6.3 所示。场地宽度 160m，高度 70m，模型底部固定，两侧为自由边界。自地下 70m 处输入峰值加速度 0.1g 的上海人工波。

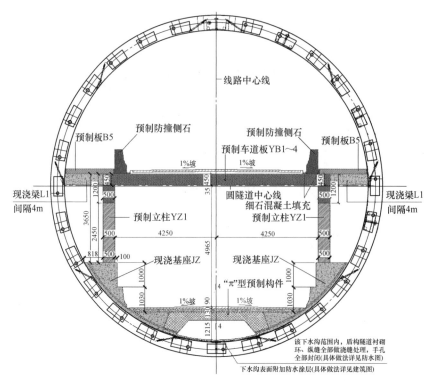

图 3.6.1　隧道内部预制车道横断面

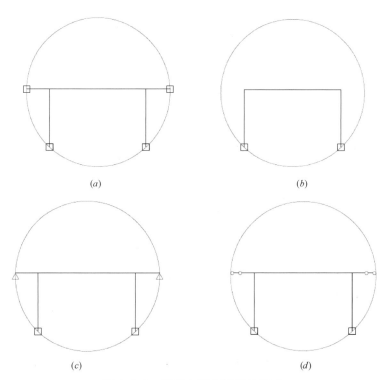

图 3.6.2　隧道内部车道简化形式

（a）连接 1（固接）；（b）连接 2（无连接）；（c）连接 3（铰接）；（d）连接 4（链杆连接）

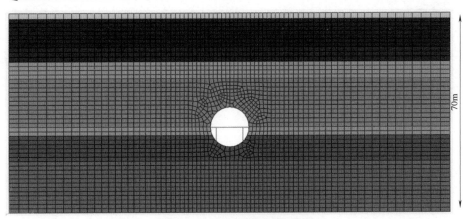

图 3.6.3　时程分析计算模型

　　由计算结果可见，不考虑内部结构的盾构隧道在地震作用下的最大弯矩基本出现在 45°位置，对应的弯矩图呈斜椭圆状。图 3.6.4 中除连接 2 模式的隧道衬砌弯矩近似呈斜椭圆状，其他三种连接形式的衬砌弯矩在车道板与衬砌连接附近位置均有突变。且在车道板与衬砌有连接的三种形式中，车道板的地震最大弯矩超过了衬砌弯矩。以上计算结果说明，车道板与隧道衬砌连接后形成了一种新的结构形式，在地震作用下对衬砌受力有一定的影响，因此道路隧道中与衬砌有连接的车道板结构在抗震分析中不可忽略。

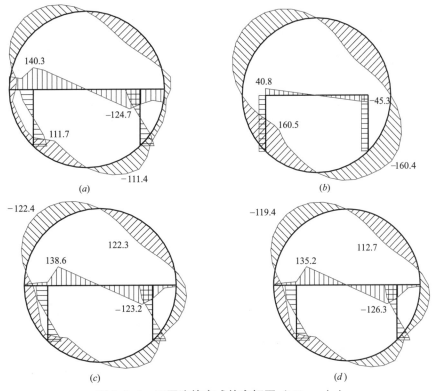

图 3.6.4　不同连接方式的弯矩图（kN·m/m）

（a）连接 1（固接）；（b）连接 2（无连接）；（c）连接 3（铰接）；（d）连接 4（链杆连接）

　　另外，由计算结果可见车道板与衬砌固接连接处的地震弯矩大于铰接和链杆两种连接形式。无论盾构隧道内部结构的形式如何，抗震计算时场地土体施加在衬砌环上的位移是固定的，当内部结构与衬砌管片的连接刚度较大时，必然引起较大的内力。车道板与衬砌管片连接刚度越大，在运营期内部结构越稳定、越安全，但地震发生时大刚度的连接处可能会产生较大的内力而率先发生破坏，从而成为整体结构破坏的"突破口"。因此，盾构隧道内部结构设计时应平衡运营期安全与地震工况安全的关系。

第 4 章　明挖地铁车站结构抗震设计研究

4.1　引言

明挖法作为目前我国建设地下结构最常用的方法，在道路隧道、管廊、地铁车站等浅埋地下工程均广泛采用。该方法具有施工作业面多、速度快、工期短、易保证工程质量、工程造价低等优点，在地面交通和环境条件允许的情况下，明挖法往往是首选。与盾构隧道相比，明挖地下结构通常埋深较浅，而地震时浅层场地往往响应更为强烈，地层相对变形比深层场地更大，结构的抗震安全也更易受到危害。

地铁车站是我国城市地下建筑中最典型、最常见的明挖地下结构。我国目前有三部轨道交通行业的抗震设计规范，但各规范之间在抗震设防、设计参数等方面还存在一些差异。例如：《地铁设计规范》规定采用三阶段设防的抗震设计方法，而其他两部规范采用两阶段设防；《城市轨道交通结构抗震设计规范》中"小震"的地震重现期是 100 年，而其他两部规范为 50 年，不同的地震重现期意味着不同的地震动强度。相对于民用建筑，轨道交通抗震设计规范将地铁车站的抗震设防目标提高了，但按照规范设计的地下结构的抗震能力是否真正提升还需验证。为避免抗震设计中的矛盾和混淆，上述类似问题均需要研究论证。

本章以明挖地铁车站为主要研究对象，首先辨析了规范中抗震设防目标的适用性，并对"大震可修"状态及验算标准的合理性进行了辨析；然后，分别对不同抗震设防区的典型地铁车站开展抗震分析，讨论了地下结构抗震设防目标提高的合理性；分别对桥站合建结构和中庭式地铁车站两种特殊地下结构开展抗震分析，研究其地震响应特征，为明挖地下结构抗震设计规范的修订提供参考。

4.2　明挖地铁车站结构抗震规范辨析

对于明挖地下结构的抗震设防，本书第 2 章已有涉及，本节将主要针对以地铁车站为代表的明挖地下结构抗震设防相关规定开展研究。我国适用于地铁车站结构抗震设计的现行规范主要有《地铁设计规范》GB 50157—2013、《城市轨道交通结构抗震设计规范》GB 50909—2014、上海市《地下铁道建筑结构抗震设计规范》DG/TJ 08—2064—2009 等。上述规范中某些关于抗震计算方法、截面内力验算方法的规定，又参照了《建筑抗震设计规范》《铁路工程抗震设计规范》《地下结构抗震设计标准》等。研究发现，国内地铁车站抗震设计并没有在各方面达成一致，各规范之间存在差异。下文将从抗震设防、抗震计算方法、验算方法等方面辨析各规范的异同。

4.2.1 基本规定

(1) 抗震设防

本书第 3 章讨论了抗震规范中盾构隧道设防的不统一性,这种现象同样存在于明挖地铁车站结构,如表 4.2.1 所示。

地铁车站结构抗震设防规定　　　　　　　　　　　　表 4.2.1

规范	抗震设防分类	抗震设计方法
上海市《地下铁道建筑结构抗震设计规范》	重点设防类及以上	两阶段:中震不坏、大震可修
《城市轨道交通结构抗震设计规范》	特殊设防类、重点设防类、标准设防类	两阶段:中震不坏、大震可修
《地铁设计规范》	重点设防类	三阶段:小震不坏、中震可修、大震不倒

从抗震设防分类的规定看,三本规范各不相同:《地下铁道建筑结构抗震设计规范》只针对上海市的地铁结构,根据设防区划(7 度)和上海软土地层的特点将抗震设防限定在重点设防类及以上;《城市轨道交通结构抗震设计规范》的适用对象是全国范围内的地铁车站结构,6 度区的地铁车站结构不需要很多的抗震措施,设防分类可选用标准设防类;《地铁设计规范》将地铁车站限定为重点设防类以上,显然较为武断,未考虑工程重要性的差异。结果是对某些结构可能造成抗震措施的冗余,而对另一些重要结构可能造成抗震设防不足。

从抗震设计方法的规定看,《地铁设计规范》沿用了《建筑抗震设计规范》的三阶段设计方法,其他两本规范均采用两阶段设计并将第一阶段由"小震不坏"提高到了"中震不坏",将"大震不倒"提高到了"大震可修"。从表面看,地铁车站的抗震能力得到了很大的提高,但实际情况如何将在本章 4.3 节详细论述。

(2) 抗震计算方法

典型的地铁车站结构一般为矩形断面,抗震设计时均采用横断面抗震计算。各规范规定的抗震计算方法有一定的区别,如表 4.2.2 所示。

地铁车站抗震计算方法　　　　　　　　　　　　表 4.2.2

规范	抗震计算方法
上海市《地下铁道建筑结构抗震设计规范》	时程分析法、等代水平地震加速度法、惯性力法
《城市轨道交通结构抗震设计规范》	反应位移法、反应加速度法、弹性时程分析法、非线性时程分析法
《地铁设计规范》	反应位移法、惯性力法、动力时程法

同样的地铁车站结构采用不同计算方法得到的结果可能各不相同,除表 4.2.2 中方法外,还有地震系数法、自由场变形法、土-结构相互作用系数法、Pushover 分析法等,很多学者针对这一问题进行了比较研究。在矩形断面地下结构横向抗震设计计算中,动力时

程法是公认的最合理的计算方法，但建模相对复杂，计算耗时较长，多被用来作为比较各种计算方法的标准。王文晖[110] 以单层双跨地下结构横断面为研究对象，以动力时程法为基准比较了多种计算方法：地震系数法忽略了地层刚度对结构变形的控制，且惯性加速度的取值过于粗糙，计算误差大；自由场变形法由于不考虑土-结构刚度的影响，计算结果仅在特定条件下具有较高的精度；土-结构相互作用系数法考虑了土-结构刚度的影响，计算得到的结构变形最大误差在 15% 左右，而结构内力高达 80%；反应位移法受计算参数取值影响较大，与动力时程法相比，结构变形最大误差最大 27%，结构内力误差最大38%；反应加速度法在不同地震波、结构刚度、土层刚度、结构埋深情况下计算结构变形和结构内力均有较好的计算精度；Pushover 分析方法在一般情况下能保持较好的计算精度，但当土-结构刚度比较大时，计算误差增大。禹海涛等[111] 利用反应位移法计算了复杂的地下车站结构，计算结果与动力时程法进行了对比，体现出了反应位移法较好的计算精度。边金等[112] 以北京某地铁车站为研究对象，对比分析了拟静力法和反应位移法的计算结果，并与时程分析法进行了比较，认为反应位移法的计算结果更为合理；陶连金等[113] 对比分析了多种地下结构计算方法后得出结论，不同土层条件时，反应加速度法和 Pushover 法更为合理，而不同埋深条件时，反应位移法和地震土压力方法更为有效；刘晶波[114] 等以大开车站为例进行数值模拟，比较分析了不同的计算方法，认为反应加速度法在计算地下结构时具有良好的适用性和计算精度；李新星等[114] 对比了反应位移法和反应加速度法的计算结果，认为在上海地区的土层条件下，反应加速度法计算结果的变化趋势比反应位移法较稳定；鲁嘉星等[115] 比较了上海地铁规范推荐使用的四种抗震计算方法，发现惯性力法适用性有限，等代水平加速度法计算结果偏大，反应位移法更适用于规则的地下结构。

与地上结构相比，地下结构的震害案例和试验数据相对较少，这使得地下结构抗震分析方法大多缺乏理论基础。尽管学者们提出了很多的地下结构抗震分析方法，但目前对地铁车站抗震计算方法的适用性研究还存在争议，在抗震设计中采用何种方法更为合理仍是需要进一步研究的问题。

4.2.2　"大震可修" 状态的研究

抗震设防目标是一个国家或地区的抗震规范在现有科学水平和经济条件基础上提出来的，是在减轻地震作用下的损失和抗震经济投入之间找到的最佳平衡[83]。为此，人们提出了多水平抗震设防思想。我国民建抗震设计规范采用三水准设防标准[58]，但只对"小震不坏"和"大震不倒"提出了具体的性能目标，对"中震可修"并无规定。直到近年来地下结构的建设在国内兴起，建设工程多位于 7 度以上抗震设防区，抗震问题日益突出。考虑地下结构的重要性，设计规范要求提高其抗震设防标准为"中震不坏、大震可修"。"不坏"状态的性能指标多沿用地上结构的标准，但"可修"状态性能指标的来源并不明确。

2009 年上海市颁布的《地下铁道建筑结构抗震设计规范》[68] 提出了"大震可修"的性能目标。此后，2014 年颁布的《城市轨道交通结构抗震设计规范》[60] 等标准均沿用了这一性能目标。目前为止，对于"地下结构可修状态"的研究工作还很少，规范中"可修"状态性能目标的提出主要参考了地上结构相关问题的研究成果。但地下结构的结构形式和受力模式与地上结构均有不同，地上结构的研究成果能否照搬到地下结构还需进一步的研究。本小节以地下结构"大震可修"的性能指标为研究对象，首先介绍了国内抗震规范在这一问题上的发展，并与国外规范的相关规定进行了比较；其次汇总了国内外对于地上结构"可修"状态性能指标的研究成果，分别从结构层面和经济层面进行了分析；最后对于国内外针对地下结构"可修"问题的研究进行了评价。

(1) 规范中关于可修的规定

1979 年，我国颁发了抗震规范《工业与民用建筑抗震设计规范（试行）》TJ 11—78。该规范中的抗震设防原则是："保障人民生命财产的安全，使工业和民用建筑经抗震设防后，在遭遇相当于设计烈度的地震影响时，建筑的损坏不致使人民生命和重要设备遭受危害，建筑不需修理或一般修理仍可继续使用"。上述抗震设防原则可归纳为"裂而不倒"[83] 或"中震可修"，为单水准设防。1990 年颁布的《建筑抗震设计规范》GBJ 11—89 明确提出了"小震不坏、中震可修、大震不倒"的三水准抗震设防目标。"78 规范"的中震设计中，地震荷载需要乘以调整系数，得到的结果与"89 规范"的小震荷载相当。比较相同场地类型条件下"78 规范"与最新的《建筑抗震设计规范》（2016 年版），二者的反应谱较为接近，如图 4.2.1 所示。以上论述体现了由"78 规范"单水准设防到现今三水准设防过程中抗震设计的传承和发展。"中震可修"在某种程度上可以认为是由"小震不坏"来保证的，"小震不坏"的设防目标满足，"中震可修"自然满足。

经过不断发展和完善，抗震规范对"小震不坏"和"大震不倒"的控制指标已有确切的规定，如钢筋混凝土框架结构弹性和弹塑性变形限值分别为层间位移角 1/550 和 1/50、框架-剪力墙结构分别为 1/800 和 1/100。然而，对于"可修"状态并没有明确的界定。以结构修复为目标，只要结构未倒塌，结构就有被修复的可能，此时结构处于"可修"状态[116]（图 4.2.2）。因此，"可修"的性能指标是一个区间，而不是一个定值，也很难给"可修"状态定义一个明确一致的性能指标。

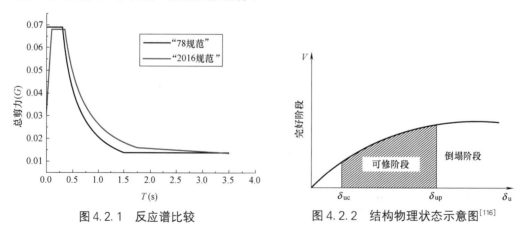

图 4.2.1　反应谱比较　　　　　　　　图 4.2.2　结构物理状态示意图[116]

2004 年，中国工程建设标准化协会颁布了《建筑工程抗震性态设计通则》CECS 160：2004，规范中给出了各类结构的"中震可修"性能指标为层间位移角限值 1/250～1/100。和我国一样，美国、欧洲、日本等国家和地区的很多抗震规范也使用 50 年基准期超越概率 10% 的地震动作为设防地震动，其相应的性能指标如表 4.2.3 所示。

中震可修状态层间位移角限值　　　　　　　　表 4.2.3

规范	层间位移角
FEMA273(美国)[117]	1/220～1/100
Vision2000(美国)[118]	1/200
FEMA368(美国)[119]	1/143～1/40
Eurocode8(欧洲)[120]	1/200～1/100
建筑标准法(日本)[121]	1/200～1/100

由表可见，美国规范 FEMA368 和日本规范的层间位移角限值较小，FEMA368 甚至达到了 1/40，比我国抗震规范中规定的大震限值还大。这可能与其结构修复的技术水平有关。

地下结构的抗震设计在多个方面与地上结构有区别，其中一个重要的不同是地下结构被土体覆盖，一旦破坏很难修复。因此，地下结构抗震规范往往提高抗震设防目标，以期使地下结构不发生严重的地震破坏。不同于地上结构的"三水准两阶段"设计，地下结构一般采用"两水准两阶段"的抗震设计，即设防目标为"中震不坏、大震可修"。

基于这一目标，有必要提出确定的性能指标。2009 年颁布的上海市《地下铁道建筑结构抗震设计规范》规定：中震不坏的性能指标弹性层间位移角限值为 1/550，大震可修的性能指标弹塑性层间位移角限值为 1/250。弹性层间位移角限值与《建筑抗震设计规范》保持一致，弹塑性层间位移角限值也与 Huo 等[122] 关于大开车站地震破坏的研究等成果基本吻合。此后颁布的几乎所有地下结构抗震设计规范，其抗震性能指标均与这一规范保持一致。

然而，地下结构的结构形式和地震中的受力状态均与地上结构有差异。首先，地铁车站等明挖地下结构多为厚板体系，结构形式既不同于地上的框架结构也不同于框架-剪力墙结构；其次，在地震过程中惯性力对地上结构有很大的影响；而地下结构主要受周围土层变形的影响。此外，随着我国地下结构功能需求的增多，越来越多特殊形式的地下结构涌现出来，如桥隧合建结构、中庭结构等。而规范中"可修"的性能指标是否具有普遍适用性，层间位移角是否只是地下结构抗震唯一的性能指标，这些问题还有待进一步研究。

(2) 可修状态研究现状

矩形、类矩形横断面的地下结构在设计时，通常根据平面应变假定将结构横断面简化为框架结构。钢筋混凝土框架结构的受力构件是梁和柱，框架变形层间位移角是梁-柱-节点弹塑性变形的综合反映。一般认为，钢筋混凝土框架的层间位移角变形主要由几个部分组成：①梁、柱弯曲变形引起的层间位移；②柱轴向变形引起的层间位移；③结构平面不对称引起的扭转效应和重力二阶效应产生的层间位移；④结构整体弯曲变形引起的层间位移。综合各位移计算层间位移角 θ 为：

$$\theta = \sum u_{ij}/h_j = (\delta_j - \delta_{j-1} - \phi h_{j-1})/h_j \tag{4.1}$$

其中，u_{ij} 为第 j 层的第 i 变形成分，h_j 为层高，δ_j 为第 j 层侧向位移，ϕ 为结构整体弯曲变形角。Smith[123] 在总结美国抗震设计思想发展和 SEAOC、ATC、FEMA 等研究成果的基础上，提出地震重现期 475 年（即中震）作用下，钢筋混凝土框架结构的层间位移角应在 1/200～1/70 范围。

对于"可修"状态的理论研究往往与结构抗震性能设计相关，在基于性能的抗震设计中，为了得到在不同地震强度作用下结构的性能指标值，需要选取合理的计算分析方法，弹塑性静力推覆分析方法（Pushover）是最常用的。该方法是通过在结构模型上施加侧向力来模拟地震力，不断增大侧向力，使结构从弹性阶段开始直到结构完全破坏位置，分析在此过程中的结构性能指标。马宏旺[124] 在 Pushover 方法的基础上参照美国规范 $R\mu$-μ-Tn 的关系引入构件能力谱，分析得到中震作用下柱顶位移约 0.041m（相当于层间位移角约 1/102），延性系数 1.59。

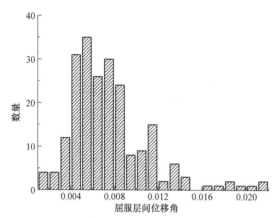

图 4.2.3　国内框架结构试验屈服层间位移角统计[125]

对于钢筋混凝土框架结构，一般认为柱在复杂应力状态下的变形能力较差，框架结构的变形能力取决于柱。为此，很多学者开展了钢筋混凝土柱、平面框架的抗震性能结构试验。2007 年，门进杰[125] 统计了国内 147 个和国外 68 个试验数据，汇总了试验屈服层间位移角，如图 4.2.3 所示。

经统计，试验得到的屈服层间位移角在 1/350～1/180 时，安全保证率超过 70%，如表 4.2.4 所示。基于统计结果，层间位移角限值越小，安全保证率越大。但过高的安全保证率会造成结构能力的浪费，且屈服层间位移角限值只是反映结构是否"可修"，不会直接影响结构的安全。

框架结构试验屈服位移角限值与保证率[125]　　表 4.2.4

屈服位移角限值	1/350	1/300	1/270	1/250	1/220	1/200	1/180
保证率	90.3%	87.8%	85.4%	83.6%	79.5%	75.7%	70.4%

在上述统计结果的基础上，本节补充统计了 2008～2016 年的 45 个试验数据[126-135]，共计 260 个试验数据，如图 4.2.4 所示。屈服层间位移角在 1/350～1/180 的安全保证率，如表 4.2.5 所示。由统计数据可知，屈服层间位移角 1/250 的安全保证率大于 80%。

考虑到地下结构多为箱涵形式，地震时产生的水平向侧力多由侧墙承担。本节统计了 66 个剪力墙、框架剪力墙试验数据[136-144]，汇总于图 4.2.5。可见其屈服层间位移角基本在 1/150～1/500 范围内，参照框架结构的统计方法将剪力墙结构的安全保证率列于表 4.2.6。

汇总统计框架结构屈服层间位移角限值与保证率　　表 4.2.5

屈服位移角限值	1/350	1/300	1/270	1/250	1/220	1/200	1/180
保证率	94.3%	90.1%	85.9%	80.4%	72.5%	65.3%	60.1%

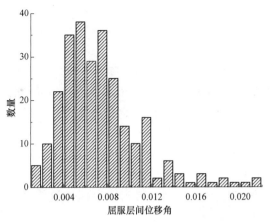

图 4.2.4　补充汇总统计框架结构试验层间位移角

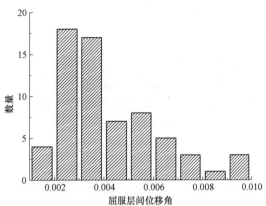

图 4.2.5　剪力墙结构试验屈服层间位移角

剪力墙结构屈服层间位移角限值与保证率　　　　表 4.2.6

屈服位移角限值	1/500	1/400	1/350	1/300	1/250
保证率	93.9%	84.8%	74.2%	50%	40.9%

由统计结果可见，在屈服层间位移角达到 1/400 时，安全保证率超过 80%，而在位移角限值 1/250 时保证率仅为 40.9%，远小于框架结构。对于地铁车站类的明挖地下结构，其结构形式既不同于框架结构，又与一般的地上建筑剪力墙、框架-剪力墙结构有区别。因此，这类地下结构在可修状态变形限值的选取有必要对多种结构形式进行统计分析，或者针对这种结构形式开展试验。此外，根据已有的地铁车站震害调查和抗震分析，地震发生时框架柱是最先遭受破坏的构件，结构的最终破坏就是因为框架柱丧失承载能力而导致顶板的倒塌。从另一个角度看，地下结构抗震规范根据地上框架结构的研究成果选定大震层间位移角限值也是有一定道理的。

建筑结构的抗震设防从来都不是单纯的结构问题，地震发生的频率和强度大小是不可预测的。因此，在确保结构安全的基础上需要考虑抗震投入的成本问题。谢礼立[83] 等认为增加的设防投入与所在地区的设防烈度高低和结构类型有关，不同的结构类型增加的设防投入差别很大；不同的设防烈度，增加的设防投入也不同。并总结了结构工程造价与设防烈度的关系为

$$B(I_d) = [1 + \alpha(I_d)]C_0 \tag{4.2}$$

其中，$B(I_d)$ 为按 I_d 烈度设防结构的工程造价，C_0 为不考虑抗震设防结构的造价，$\alpha(I_d)$ 为结构抗震设防造价增加系数。李树桢和李冀龙[145] 通过咨询抗震设计专家并进行相应调整的办法，确定了框架结构、砖混结构和工业厂房的设防投资比例系数；高小旺[146] 等也给出了不同类型结构在不同设防烈度区的设防投入增加系数值。

在研究"可修状态"时，抗震投入的成本除考虑建造结构时的投入外，还应计入地震造成的直接、间接损失，以及修复结构的投入。黄春[147] 采用地震经济损失期望值的估计方法研究了青岛市的抗震设防情况，认为总经济损失为直接、间接经济损失和地震救灾直接投入费用的和，即

$$LP(I_d) = \varphi \cdot (L_1(I_d) + L_2(I_d)) \cdot (1 + \gamma + \pi) \tag{4.3}$$

其中，φ 为直接经济损失修正系数，$L_1(I_d)$ 为结构自身的破坏损失，$L_2(I_d)$ 为室内财产的损失，γ 为间接经济损失与直接经济损失之比，π 为地震救灾直接投入费用与直接经济损失之比。

如上文所述，"可修"的性能指标是一个区间，而不是一个定值。学者们在结构层面上对"可修状态"的研究也是众说纷纭，没有形成统一的认识。因此，从单一的结构角度得到定量的性能指标是很困难的，需要引入其他技术指标开展综合性的研究。马宏旺等[116] 在确定层间位移角为结构性能参数的基础上，引入了经济效益指标。考虑结构因受损程度不同而产生不同的修复费用和修复期间的经济损失等因素，找到社会经济效益和结构安全的最优结合点，即为最佳抗震性能指标值。以 4 个典型的钢筋混凝土框架结构为例，建立结构破坏状态以及经济效益分析双重标准的数学模型，得到 4 个框架最佳"可修"状态的层间位移角为 1/538～1/159，平均 1/276。

除经济角度外，有学者还将人员安全的因素引入抗震设防标准[148-150]。经济层面得到的"最优经济设防烈度"与"最优安全设防烈度"可能并不一致，更多参数的引入使得数学模型更加复杂。研究成果对某地区抗震设防烈度的选取具有指导作用，但针对某一工程这样更加细化的研究需要引入更多的参数。

(3) 地下结构的可修状态

过去几十年，国内外很多学者针对地铁车站结构开展了大量的振动台模型试验。但是由于试验设备的限制，研究对象只能用小比尺的缩尺模型。而且为了满足特定的需要，某些试验不能用原型材料浇筑模型，而是使用有机玻璃、塑料等材料制作地铁车站模型。但即使是采用钢丝和微粒混凝土分别模拟原型钢筋和混凝土的地铁车站模型，由于缩尺效应的影响，单独依靠试验结果也无法体现实际结构的变形状态。振动台试验在研究结构地震响应方面有其独特的优势，而拟静力结构试验一定程度上可以更好地了解地下结构的受力和变形状态。杜修力等[151] 以地铁车站侧墙底节点为研究对象开展了拟静力试验，发现屈服状态下侧墙结构的层间位移角在 1/209～1/154 范围内。周龙壮等[152] 通过拟静力试验研究了某二层地铁车站，该车站上层为钢管混凝土 Y 形中柱，下层为普通混凝土柱。在层间位移角达到 1/200 时，底层普通混凝土柱有明显裂缝；当层间位移角达到 1/100时，上层钢管混凝土达到屈服。从之前的震害资料和前人的研究成果看，地铁车站侧墙的抗震性能强于中柱，因此车站结构的抗震能力一定程度上取决于中柱的抗震能力。基于这种情况，处于 8 度区的北京在建造某些地铁车站时，使用了抗震能力更强的钢管混凝土作为中柱。

除了试验研究外，有学者根据已有的震害资料和试验结果对地下结构进行了分析。Huo 等[122] 建模分析了大开车站站厅段、隧道段和过渡段 3 个典型断面的地震响应，发现地震作用下站厅段的层间位移角达到 1/125，发生了倒塌；而隧道段和过渡段分别为 1/200 和 1/250，破坏并不严重，可以修复。董正方等[153] 调查了地上结构 145 组型钢混凝土框架结构和 46 组钢管混凝土框架的拟静力试验结果，经过统计分析，认为选取 1/250作为地下结构大震可修的层间位移角限值是合理的。

为研究地铁车站结构的抗震耗能能力和耗能模式，分别建立地铁车站和框架结构的三维实体模型进行 Pushover 分析，有限元模型如图 4.2.6 和图 4.2.7 所示。地铁车站模型参考某实际两层两跨地铁车站建立，该车站柱距 8m，模型截取一个柱距的纵向长度。车站底板厚度 900mm，顶板厚度 800mm，中板厚度 400mm，侧墙厚度 600mm，中柱截面尺寸 600mm×1200mm。板、墙、柱均为三维实体单元，主筋、箍筋均用梁单元模拟。混凝土材料 C50，采用塑性损伤模型模拟，钢筋采用理想弹塑性模型。第一步计算地铁车站模型的静力工况，除自重外，顶板施加覆土荷载，侧墙施加水土压力，底板施加反力；第二步地铁车站底板横向固定，在一侧的侧墙施加三角形位移，直至结构破坏。

框架模型的跨度和层高均与车站结构一致，中柱截面尺寸与车站中柱相同。边柱高度与中柱相同，宽度与侧墙厚度一致。梁截面高度与相应位置车站板厚一致，宽度与柱截面高度相等。混凝土和钢筋的材料和单元类型与车站相同，并采用相同的本构模型。框架柱底横向固定，一侧边柱施加三角形横向位移直至结构破坏。

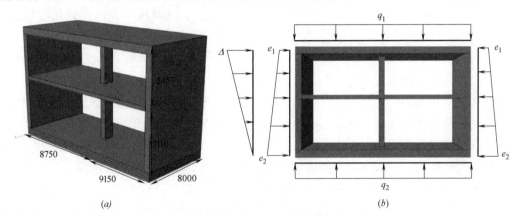

图 4.2.6　地铁车站模型

(a) 模型尺寸（mm）；(b) 加载模式

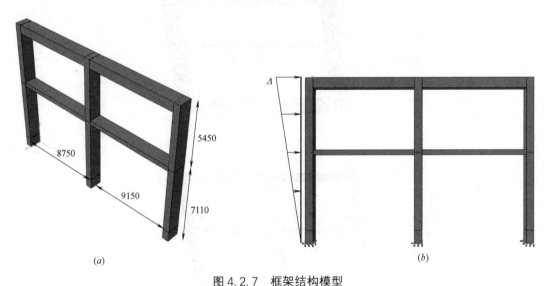

图 4.2.7　框架结构模型

(a) 模型尺寸（mm）；(b) 加载模式

图 4.2.8 为车站结构和框架结构的 P-Δ 曲线。由图可见，车站结构在位移很小的情况下就进入了塑性状态，随着位移的增加，结构受力逐渐减小，直到位移达到 14.2mm

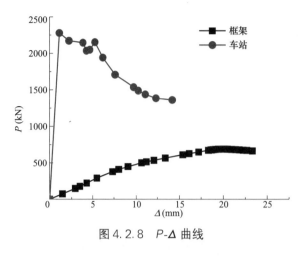

图 4.2.8 P-Δ 曲线

处结构发生破坏。这说明随着侧向变形的增大，车站结构的整体刚度逐渐衰减。框架结构与车站不同，随着位移的增加受力也随之增大，结构刚度基本保持稳定，在位移达到约 18mm 时受力不再增大，变形趋于稳定直至结构发生破坏。车站结构的整体刚度较大，产生相同位移时其受力远大于框架结构，但其变形能力弱于框架结构。车站结构呈现出"软化"型的破坏方式，而框架结构为"硬化"型破坏，二者的耗能方式并不相同，相比之下框架结构的耗能方式更为合理。

图 4.2.9 所示为车站结构和框架结构发生破坏时的最终状态，塑性区的位置、损伤因子和出现顺序均相应标注。车站结构的塑性区主要出现在底板、顶板与侧墙交接处和中柱端部。推覆侧底板位置最先出现塑性区，最终也因该处破坏而终止加载。除此处外，中柱端部随之发生损伤，且损伤较为严重，损伤因子为 0.8~0.93。而其他顶板、非推覆侧侧墙损伤出现较晚，且损伤因子为 0.53~0.66，并未完全发挥耗能能力。与车站结构类似，框架结构的塑性区最先出现在推覆侧柱底，最终也因该处损伤因子达到 0.99 发生破坏。塑性区在梁端、柱端基本均有出现，除 10 号位置外，其余塑性区的损伤因子均超过了

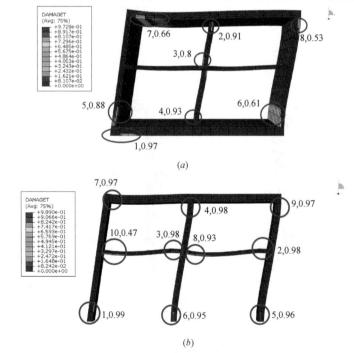

图 4.2.9 结构塑性区位置及出现顺序（塑性区出现顺序，损伤因子）

（a）车站结构；（b）框架结构

0.93，充分发挥了塑性区的耗能能力。1 号塑性区之后，2、3 号塑性区均出现在梁上，体现了"强柱弱梁"的抗震设计理念。

地铁车站结构与框架结构的塑性区出现顺序、位置和损伤程度多有不同，与地上框架结构"强柱弱梁"的抗震方式相比，地铁车站的抗震设计耗能机制并不明确，塑性区过早地出现在中柱、侧墙等竖向支承构件上是不合理的，应使梁、板等水平向构件更多地参与抗震耗能，并与竖向构件的耗能机制相协调，避免某些构件过早破坏的现象出现。尽管采用 Pushover 分析的方法并不能完全体现地铁车站结构的抗震耗能机制，但在地铁车站结构抗震设计时，完全参照地上框架结构的设计方法和验算标准是不合适的。

基于以上研究可见，地下结构的结构体系和地震中的受力状态均与地上结构有差异：地铁车站等明挖地下结构多为厚板-框架体系，结构形式既不同于框架结构也不同于框架-剪力墙结构；在地震过程中地下结构主要受周围土层变形的影响，而对地上结构影响更大的是惯性力。随着我国地下结构功能需求的增多，越来越多的特殊形式地下结构涌现出来，如桥隧合建结构、中庭结构、一侧临空结构等。而规范中这一"可修"的性能指标是否具有普遍适用性，层间位移角是否只是地下结构抗震唯一的性能指标，这些问题还有待进一步研究。

4.3　典型地铁车站结构抗震分析

上文 4.2 节对比了国内现行规范针对地铁车站结构的抗震设防规定，相对于地上结构，地铁车站的抗震设防目标由"小震不坏、中震可修、大震不倒"提高到了"中震不坏、大震可修"。针对设防目标的提高是否需要提高结构构件的抗震能力、增加抗震成本这一问题，本节将通过研究不同烈度区的地铁车站地震响应情况进行分析。

4.3.1　7 度区（设防地震加速度峰值 0.1g）

本小节考查位于 7 度抗震设防区的某地铁车站的抗震安全性，以南京某地铁车站为研究对象。该车站为地下双层岛式车站，总长 525.6m，标准段宽度 21.7m。车站顶板覆土 4～4.6m，标准段底板埋深 19.41m。本车站为两层两跨箱形框架式结构，采用明挖法施工，地下连续墙围护，标准断面如图 4.3.1 所示。本小节以标准段为研究对象，地铁车站抗震分析之前，需计算结构在正常使用阶段承载能力极限状态下的受力状态。

(1) 静力计算

一般地，车站主体结构可按底板支承在弹性地基上的平面框架进行内力分析，计算时宜考虑所有构件的弯曲、剪切和压缩变形的影响。构件按照正常使用极限状态及承载能力极限状态分别进行荷载效应组合，取各自的最不利组合分别进行极限状态的计算和稳定、变形及裂缝宽度等验算。

地铁车站结构设计时，根据《地铁设计规范》GB 50157—2013，对结构荷载可按永久荷载、可变荷载、偶然荷载进行分类，具体分类情况如表 4.3.1 所示。

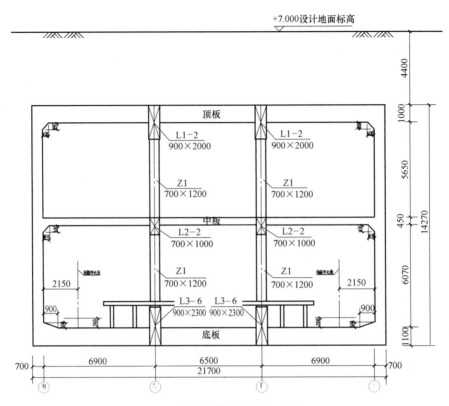

图 4.3.1　南京某地铁车站标准断面图

荷载分类　　　　　　　　　　　　　　　　　　　　　　　　表 4.3.1

荷载类型		荷载名称
永久荷载		结构自重:结构自身重量产生的沿构件轴线分布的竖向荷载
		地层压力:竖向压力按计算截面以上全部土柱重量考虑;水平压力使用阶段按静止土压力计算,水土分算
		结构上部和受影响范围内的设施及建筑物压力
		水压力及浮力:竖直方向的水压力取为均布荷载,水平方向的水压力取为梯形荷载,其值等于静水压力
		混凝土收缩及徐变作用
		预加应力
		设备荷载
		设备基础、建筑做法、建筑隔墙等引起的结构附加荷载
		地基下沉影响力
可变荷载	基本可变荷载	地面车辆荷载及其冲击力
		地面车辆荷载引起的侧向土压力
		地铁车辆荷载及其冲击力
		人群荷载:标准段按 4kPa 计算

荷载类型		荷 载 名 称
可变 荷载	其他可变 荷载	温度变化影响力
		施工荷载：结构设计中应考虑各种施工荷载可能发生的组合，按10kPa计算
偶然荷载		地震荷载
		6级人防荷载

以地铁车站主体标准断面为对象，取各构件中心线建立二维杆系荷载-结构模型。中柱采用等效抗弯刚度的方法，将其转换为矩形断面来近似模拟。在结构单元的周边设置法向和切向地基弹簧，计算简化模型如图4.3.2所示。

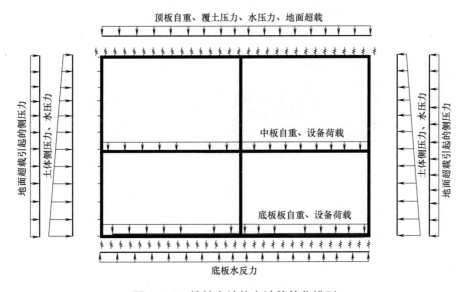

图4.3.2　地铁车站静力计算简化模型

(2) 动力计算

基于地铁车站标准段建立二维有限元地层-结构模型，车站结构采用梁单元建模，场地土体和围护结构采用实体单元。结构中柱用C50混凝土浇筑，其他构件使用C40混凝土；场地土体采用等效线性模型。通过动力时程法进行分析，场地基本加速度$0.1g$，采用《工程场地地震安全性评价报告》和《基岩地震波时程使用说明》提供的人工波，如图4.3.3所示。此外还使用了El Centro波和Kobe波两种实际记录地震波。有限元模型宽度140m，结构两侧场地宽度均大于3倍结构宽度，模型高度70m，如图4.3.4所示。地震波于模型底部边界输入，竖向地震作用取为水平向的$0.65\sim0.75$倍。考查小震、中震和大震三个工况下地铁车站结构的响应情况。

选取顶、底板在中柱位置处的节点作为参考点，分析地铁车站结构的地震响应。图4.3.5为中震工况顶、底板的加速度响应。由图可见，三种地震波工况中顶板与底板的加速度波形相似，顶板的加速度响应均大于底板，此外顶板的加速度响应较底板有略微的时间滞后。

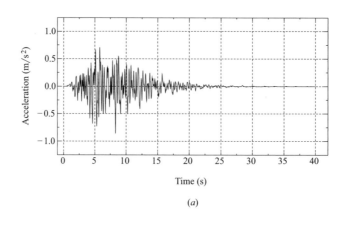

(a)

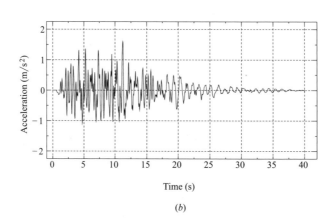

(b)

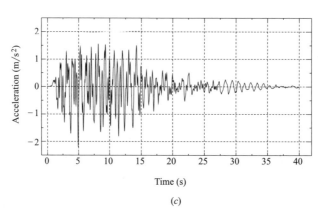

(c)

图 4.3.3　输入地震波

（*a*）南京人工波 100a 63％（小震）；（*b*）南京人工波 100a 10％（中震）；（*c*）南京人工波 100a 2％（大震）

　　地震工况计算得到的结构内力与静力工况的内力按照《城市轨道交通结构抗震设计规范》的相关规定进行组合，组合结果与静力计算基本组合进行对比，列于表 4.3.2～表 4.3.4。由表可见，三种地震波作用下小震和中震组合后的内力均小于静力工况，大震内力大于静力工况，但依照规范大震不验算截面内力，仍需按照静力工况的内力组合进行配筋设计，满足"小震不坏"和"中震不坏"的设防目标。

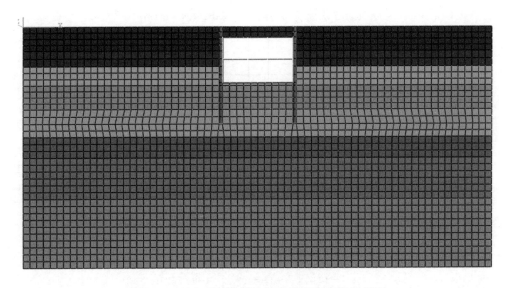

图 4.3.4　南京某地铁车站抗震分析有限元模型

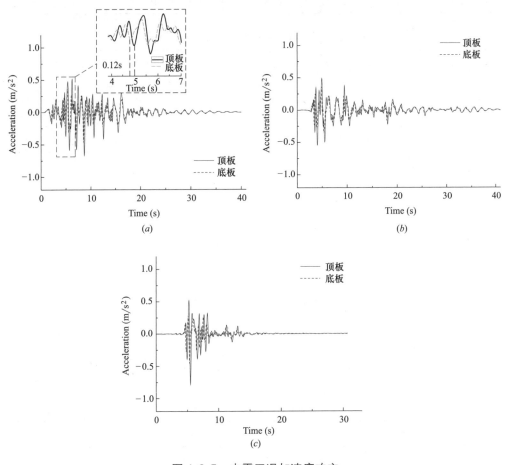

图 4.3.5　中震工况加速度响应

（*a*）人工波；（*b*）El Centro 波；（*c*）Kobe 波

人工波工况地震内力组合（弯矩，kN·m/m）　　　　表4.3.2

计算工况	组合前(最大正弯矩/最大负弯矩)			组合后(最大正弯矩/最大负弯矩)		
	顶板	底板	侧墙	顶板	底板	侧墙
静力工况	767/−937	899/−984	851/−984	1340/−1637	1571/−1719	1487/−1719
小震	137/−144	189/−195	189/−195	1099/−1312	1325/−1434	1267/−1434
中震	261/−273	281/−289	281/−289	1260/−1479	1444/−1557	1387/−1557
大震	377/−383	396/−409	396/−409	1411/−1622	1594/−1713	1536/−1713

El Centro 波工况地震内力组合（弯矩，kN·m/m）　　　　表4.3.3

计算工况	组合前(最大正弯矩/最大负弯矩)			组合后(最大正弯矩/最大负弯矩)		
	顶板	底板	侧墙	顶板	底板	侧墙
静力工况	767/−937	899/−984	851/−984	1340/−1637	1571/−1719	1487/−1719
小震	89/−90	101/−108	101/−108	1036/−1241	1210/−1321	1153/−1321
中震	131/−135	168/−171	168/−171	1091/−1300	1297/−1403	1240/−1403
大震	211/−213	269/−278	269/−278	1195/−1401	1429/−1542	1371/−1542

Kobe 波工况地震内力组合（弯矩，kN·m/m）　　　　表4.3.4

计算工况	组合前(最大正弯矩/最大负弯矩)			组合后(最大正弯矩/最大负弯矩)		
	顶板	底板	侧墙	顶板	底板	侧墙
静力工况	767/−937	899/−984	851/−984	1340/−1637	1571/−1719	1487/−1719
小震	145/−148	167/−168	167/−168	1109/−1317	1296/−1399	1238/−1399
中震	207/−213	213/ 216	213/−216	1190/−1401	1356/−1462	1298/−1462
大震	243/−254	285/−289	285/−289	1236/−1455	1449/−1557	1392/−1557

表4.3.5～表4.3.7为三种地震波作用下结构的层间位移角，小震和中震工况的最大层间位移角均小于规范弹性限值1/550，大震工况的最大层间位移角小于规范弹塑性限值1/250。因此，地铁车站结构满足"大震可修"的设防目标。

人工波工况层间位移角　　　　表4.3.5

	小震	中震	大震
顶板/中板	1/1906	1/930	1/686
中板/底板	1/1830	1/824	1/548

El Centro 波工况层间位移角　　　　表4.3.6

	小震	中震	大震
顶板/中板	1/4770	1/2199	1/1465
中板/底板	1/4435	1/2026	1/1367

Kobe 波工况层间位移角			表 4.3.7
	小震	中震	大震
顶板/中板	1/5286	1/2120	1/1543
中板/底板	1/5292	1/2351	1/1595

综上，经过截面内力验算、变形验算验算，地震工况在设计中不起控制作用，地铁车站结构设计满足"中震不坏、大震可修"的抗震设防目标。

图 4.3.6 为中柱轴压比时程曲线，三种地震波作用下小震和中震的轴压比均小于规范限值 0.75。

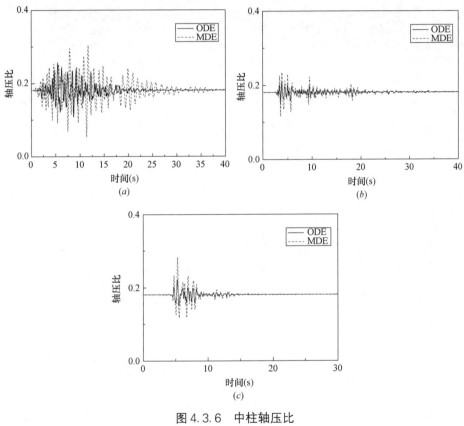

图 4.3.6　中柱轴压比
(a) 人工波；(b) El Centro 波；(c) Kobe 波

4.3.2　7 度区（设防地震加速度峰值 0.15g）

本小节考查 7 度设防区（设计基本地震加速度峰值 0.15g 地区）某地铁车站的地震响应，以郑州某地铁车站为主要研究对象。该车站为地下双层岛式车站，总长 197.4m，标准段宽度 18.5m，总平面如图 4.3.7 所示。车站顶板覆土 3.5m，标准段底板埋深 16.46m。本车站为两层两跨箱形框架式结构，采用明挖法施工，标准断面如图 4.3.8 所示。基坑采用 φ1000@1500 围护桩＋内支撑的支护形式，内支撑采用三道钢支撑。地铁车站抗震分析之前，需计算正常使用阶段承载能力极限状态下结构的受力状态。

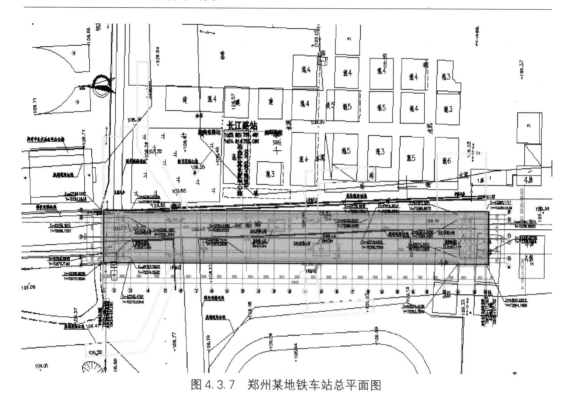

图 4.3.7 郑州某地铁车站总平面图

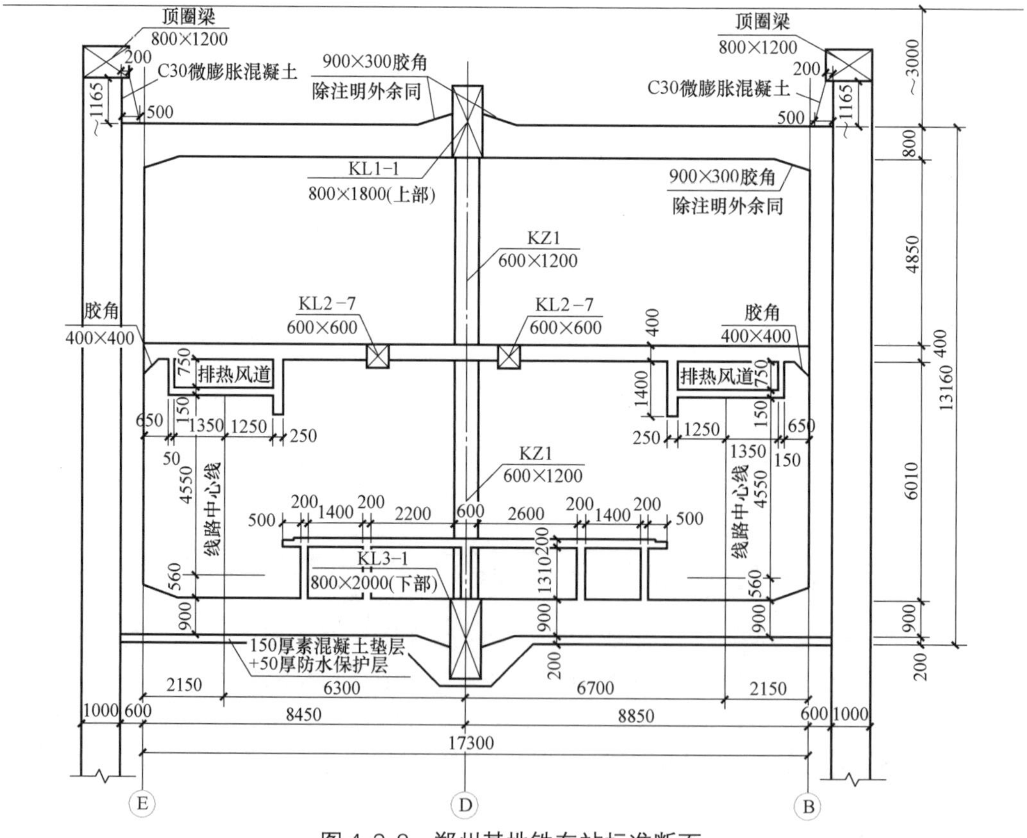

图 4.3.8 郑州某地铁车站标准断面

(1) 静力计算

以地铁车站主体标准断面为对象，取各构件中心线建立二维杆系荷载-结构模型。中柱采用等效抗弯刚度的方法，将其转换为矩形断面来近似模拟。在结构单元的周边设置法向和切向地基弹簧，计算简化模型及计算荷载种类与上一小节南京地铁一致。

(2) 动力计算

基于地铁车站标准段建立二维有限元地层-结构模型，车站结构采用梁单元建模，场地土体采用实体单元。结构中柱用 C50 混凝土浇筑，其他构件使用 C40 混凝土；场地土体采用等效线性模型。通过动力时程法进行分析，场地基本加速度 $0.15g$，采用《工程场地地震危险性分析》提供的人工波，如图 4.3.9 所示。此外，还使用了 El Centro 波和 Kobe 波两种实际记录地震波。有限元模型宽度 120m，结构两侧场地宽度均大于 3 倍结构宽度，模型高度 70m，如图 4.3.10 所示。于模型底部输入地震波，竖向地震作用取为水平向的 0.7 倍。考查小震（$0.055g$）、中震（$0.15g$）和大震（$0.31g$）三个工况下地铁车站结构的响应情况。

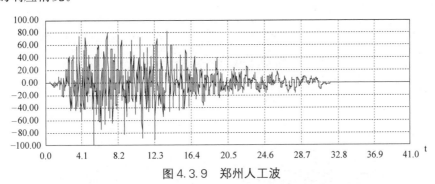

图 4.3.9　郑州人工波

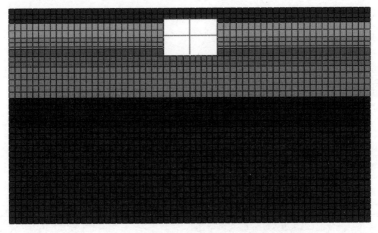

图 4.3.10　郑州长江路地铁车站有限元模型

选取顶、底板在中柱位置处的节点作为参考点，读取分析地铁车站结构的地震响应。图 4.3.11 为中震工况顶、底板的加速度响应。由图可见，三种地震波工况中顶板与底板的加速度波形相似，顶板的加速度响应均大于底板，此外顶板的加速度响应较底板有时间滞后，体现了地震波的传播特征。

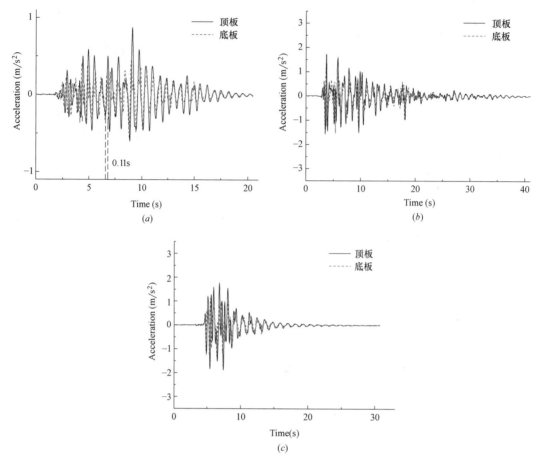

图 4.3.11　中震工况加速度响应

(a) 人工波；(b) El Centro 波；(c) Kobe 波

　　地震工况计算得到的结构内力与静力工况的内力按照《城市轨道交通结构抗震设计规范》进行组合，组合结果与静力计算基本组合进行对比，列于表 4.3.8～表 4.3.10。由表可见，三种地震波作用下小震和中震组合后的内力均小于静力工况，大震内力大于静力工况，但依照规范大震不验算截面内力。计算结果说明地震工况不起控制作用，仍需按照静力工况的内力组合进行配筋设计，满足"小震不坏"和"中震不坏"的设防目标。

人工波工况地震内力组合（弯矩，kN・m/m）　　　　　　　　表 4.3.8

计算工况	组合前（最大正弯矩/最大负弯矩）			组合后（最大正弯矩/最大负弯矩）		
	顶板	底板	侧墙	顶板	底板	侧墙
静力工况	525/−823	716/−863	533/−605	917/−1438	1251/−1508	931/−1057
小震	121/−153	115/−121	121/−153	787/−1187	1009/−1193	797/−925
中震	167/−195	163/−184	167/−195	847/−1241	1071/−1275	857/−980
大震	286/−324	331/−359	331/−359	1002/−1409	1290/−1502	1070/−1193

El Centro 波工况地震内力组合（弯矩，kN·m/m）　　　　表 4.3.9

计算工况	组合前（最大正弯矩/最大负弯矩）			组合后（最大正弯矩/最大负弯矩）		
	顶板	底板	侧墙	顶板	底板	侧墙
静力工况	525/−823	716/−863	533/−605	917/−1438	1251/−1508	931/−1057
小震	133/−141	87/−90	133/−141	803/−1171	972/−1153	813/−909
中震	219/−240	155/−161	219/−240	915/−1300	1061/−1245	924/−1038
大震	363/−379	339/−342	363/−379	1102/−1480	1300/−1480	1112/−1219

Kobe 波工况地震内力组合（弯矩，kN·m/m）　　　　表 4.3.10

计算工况	组合前（最大正弯矩/最大负弯矩）			组合后（最大正弯矩/最大负弯矩）		
	顶板	底板	侧墙	顶板	底板	侧墙
静力工况	525/−823	716/−863	533/−605	917/−1438	1251/−1508	931/−1057
小震	121/−144	123/−146	123/−146	787/−1175	1019/−1225	800/−916
中震	208/−239	215/−255	215/−255	900/−1298	1139/−1367	919/−1058
大震	354/−386	366/−393	366/−393	1090/−1489	1335/−1547	1115/−1237

表 4.3.11～表 4.3.13 为三种地震波作用下结构的层间位移角。由表可见，小震和中震工况的最大层间位移角均小于弹性限值 1/550，大震工况的最大层间位移角小于弹塑性限值 1/250。因此，地铁车站结构满足"大震可修"的设防目标。

人工波工况层间位移角　　　　表 4.3.11

	小震	中震	大震
顶板/中板	1/1296	1/894	1/406
中板/底板	1/1515	1/925	1/403

El Centro 波工况层间位移角　　　　表 4.3.12

	小震	中震	大震
顶板/中板	1/1971	1/1360	1/618
中板/底板	1/2520	1/1627	1/730

Kobe 波工况层间位移角　　　　表 4.3.13

	小震	中震	大震
顶板/中板	1/1439	1/1136	1/509
中板/底板	1/2158	1/1568	1/693

图 4.3.12 为中柱轴压比时程曲线。由图可见，三种地震波作用下小震和中震的轴压比均小于限值 0.75。

综上，经过截面内力验算、变形验算和中柱轴压比验算，地震工况在设计中不起控制作用，地铁车站结构设计满足"中震不坏、大震可修"的抗震设防目标。

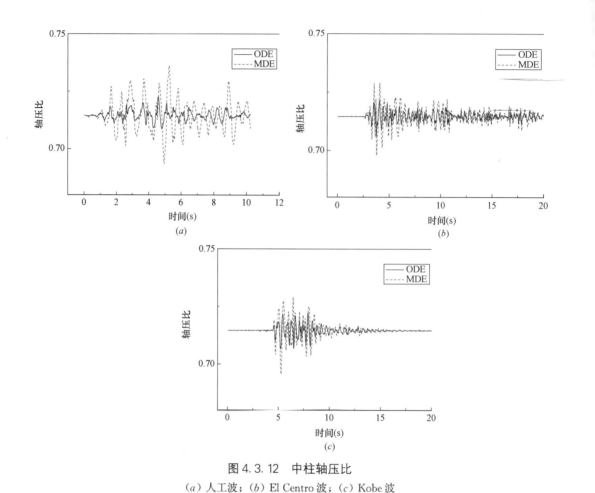

图 4.3.12　中柱轴压比

(a) 人工波；(b) El Centro 波；(c) Kobe 波

4.3.3　8 度区（设防地震加速度峰值 0.2*g*）

本小节考查 8 度设防区（设计基本地震加速度峰值 0.2*g* 地区）地铁车站的抗震安全性，以北京地铁某车站为主要研究对象。该地铁车站呈东西走向，跨西三环南路设置。考虑对交通及管线的影响，采用跨路段暗挖，端头厅明挖的施工方案。结构总长 279.6m，其中暗挖段长 73m。车站明挖断标准宽度 21.1m，底板埋深 21.44m。盾构井段宽度 25.2m，底板埋深 22.79m。车站明挖段顶板覆土 2.5m 左右，为地下两层三跨箱形框架结构；暗挖段顶板覆土为 6m 左右，为单层三连拱结构。车站两端区间均采用盾构法施工，中间过渡段为双层三跨箱形框架结构。车站所在站位处工程条件较好，按地层沉积年代、成因类型，将其划分为人工堆积层、新近沉积层、第四纪沉积层、第三纪沉积层四大类。地铁车站抗震分析之前，需计算正常使用阶段承载能力极限状态下结构的受力状态。

(1) 静力计算

以地铁车站主体标准断面为对象，取各构件中心线建立二维杆系荷载-结构模型。中柱采用等效抗弯刚度的方法，将其转换为矩形断面来近似模拟。在结构单元的周边设置法向和切向地基弹簧，计算简化模型及计算荷载种类与上一小节一致。

(2) 动力计算

　　基于地铁车站标准段建立二维有限元地层-结构模型，车站结构采用梁单元建模，场地土体采用实体单元。结构中柱用 C50 混凝土浇筑，其他构件使用 C40 混凝土；场地土体采用等效线性模型。通过动力时程法进行分析，场地基本加速度 0.2g，针对工程场地的特点采用唐山波、El Centro 波和 Kobe 波三种实际记录地震波，如图 4.3.13 所示。数值模型宽度 143m，结构两侧场地宽度均大于 3 倍结构宽度，模型高度 50m，如图 4.3.14 所示。于模型底部输入地震波，依据《城市轨道交通结构抗震设计规范》确定水平和竖向地震作用的大小。考查小震（0.07g）、中震（0.2g）和大震（0.4g）三个工况下地铁车站结构的响应情况。

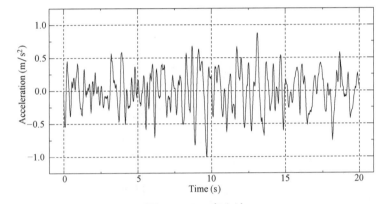

图 4.3.13　唐山波

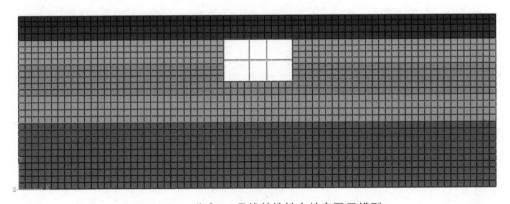

图 4.3.14　北京 16 号线某地铁车站有限元模型

　　选取顶、底板在中柱位置处的节点作为参考点，读取分析地铁车站结构的地震响应。图 4.3.15 为中震工况顶、底板的加速度响应。由图可见，三种地震波工况中顶板与底板的加速度波形相似，顶板的加速度响应均大于底板，此外顶板的加速度响应较底板有时间滞后。

　　地震工况计算得到的结构内力与静力工况的内力按照规范进行组合，组合结果与静力计算基本组合进行对比，列于表 4.3.14～表 4.3.16。由表可见，三种地震波作用下小震和中震组合后的内力均小于静力工况，大震内力大于静力工况，但依照规范大震不验算截

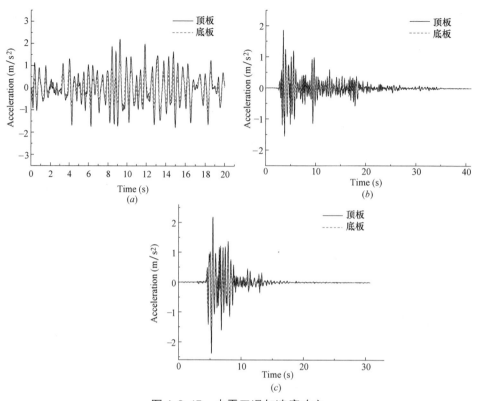

图 4.3.15 中震工况加速度响应

(a) 唐山波；(b) El Centro 波；(c) Kobe 波

面内力。这说明地震工况不起控制作用，仍需按照静力工况的内力组合进行配筋设计，满足"中震不坏"的设防目标。

唐山波工况地震内力组合（弯矩，kN·m）　　　　　　　　　表 4.3.14

计算工况	组合前（最大正弯矩/最大负弯矩）			组合后（最大正弯矩/最大负弯矩）		
	顶板	底板	侧墙	顶板	底板	侧墙
静力工况	1289/−1336	1391/−1409	1291/−1312	2252/−2334	2430/−2462	2255/−2292
小震	227/−235	295/−321	295/−321	1842/−1909	2053/−2108	1933/−1992
中震	303/−341	379/−409	379/−409	1941/−2047	2162/−2223	2042/−2106
大震	589/−672	636/−747	636/−747	2313/−2477	2496/−2662	2376/−2546

El Centro 波工况地震内力组合（弯矩，kN·m）　　　　　　　表 4.3.15

计算工况	组合前（最大正弯矩/最大负弯矩）			组合后（最大正弯矩/最大负弯矩）		
	顶板	底板	侧墙	顶板	底板	侧墙
静力工况	1289/−1336	1391/−1409	1291/−1312	2252/−2334	2430/−2462	2255/−2292
小震	177/−186	299/−312	299/−312	1777/−1845	2058/−2096	1938/−1980
中震	337/−351	384/−418	384/−418	1985/−2060	2168/−2234	2048/−2118
大震	579/−586	601/−654	601/−654	2300/−2365	2451/−2541	2331/−2425

Kobe 波工况地震内力组合（弯矩，kN·m）　　　表 4.3.16

计算工况	组合前（最大正弯矩/最大负弯矩）			组合后（最大正弯矩/最大负弯矩）		
	顶板	底板	侧墙	顶板	底板	侧墙
静力工况	1289/−1336	1391/−1409	1291/−1312	2252/−2334	2430/−2462	2255/−2292
小震	165/−172	277/−295	277/−295	1761/−1827	2029/−2074	1909/−1958
中震	287/−312	362/−393	362/−393	1920/−2009	2140/−2202	2020/−2085
大震	551/−569	617/−643	617/−643	2263/−2343	2471/−2527	2351/−2410

　　表 4.3.17～表 4.3.19 为三种地震波作用下结构的层间位移角。由表可见小震和中震工况的最大层间位移角均小于弹性限值 1/550，大震工况的最大层间位移角小于弹塑性限值 1/250。因此，地铁车站结构满足"大震可修"的设防目标。

唐山波工况层间位移角　　　表 4.3.17

	小震	中震	大震
顶板/中板	1/2022	1/1042	1/415
中板/底板	1/1955	1/991	1/427

El Centro 波工况层间位移角　　　表 4.3.18

	小震	中震	大震
顶板/中板	1/2414	1/1283	1/776
中板/底板	1/2475	1/1365	1/832

Kobe 波工况层间位移角　　　表 4.3.19

	小震	中震	大震
顶板/中板	1/1981	1/921	1/423
中板/底板	1/1908	1/901	1/501

　　图 4.3.16 为中柱轴压比时程曲线。由图可见，三种地震波作用下小震和中震的轴压比均小于限值 0.75。

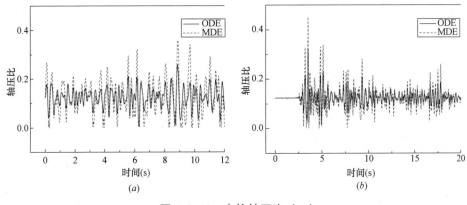

图 4.3.16　中柱轴压比（一）

（a）唐山波；（b）El Centro 波

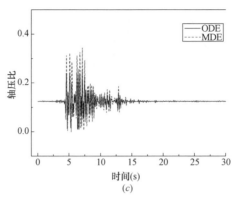

图 4.3.16　中柱轴压比（二）

（c）Kobe 波

综上，经过截面内力验算、变形验算和中柱轴压比验算，地震工况在设计中不起控制作用，地铁车站结构设计满足"中震不坏、大震可修"的抗震设防目标。

本节选取了 7 度和 8 度抗震设防区建设的三座地铁车站开展了抗震分析。尽管样本数量较少，但三座车站均为常见的结构形式，具有一定的代表性。从分析结果看，无论 7 度区还是 8 度区的地铁车站，地震工况在设计中均不起控制作用，均满足"中震不坏、大震可修"的抗震设防目标。这一设防目标是由民建抗震设计的"小震不坏、中震可修、大震不倒"提高标准而得来，但提高后的抗震设防目标并未有实质上的作用。抗震设防目标虽然提高，但抗震计算中往往仍是静力工况起控制作用，按照静力计算结果进行配筋，并未因抗震设防目标的提高而增加抗震措施。即使设防目标不提高，第一阶段仍采用"小震不坏"的设防目标，也能得出"地震工况不起控制作用，按静力计算工况配筋"的结论。因此，从过去的抗震计算结果看，地铁车站类明挖地下结构的抗震设防目标由"小震不坏"提高到"中震不坏"实际上是一种"伪提高"。找到地下结构的抗震薄弱位置并采取抗震措施，才能从整体上提高结构的抗震能力。

与地上框架结构不同，地铁车站实际上是墙板结构体系，由于结构上覆土压力、侧向水土压力、浮托力等外部荷载较大，结构顶板、底板、侧墙、中柱等主要构件均设计为大尺寸，且配筋率较高，静力工况的荷载组合已经考虑了足够大的安全储备。此外，规则的车站结构有很大的整体侧向刚度，已经可以抵御足够大的地震作用，这使得抗震计算时规范中的抗震设防目标能够得到"天然"的满足。而特殊形式的地铁车站结构抗震安全性如何，与一般车站有何区别，这一问题将在下一节讨论。

4.4　特殊地铁车站结构抗震分析

城市地铁的发展难免会遇到特殊的工程情况和要求，本节将针对桥站合建地铁车站和大中庭地铁车站两种特殊地下结构开展抗震分析，评估特殊地铁车站结构的抗震安全性，比较特殊地铁车站结构与一般地铁车站结构的差异。

4.4.1　桥站合建

城市轨道交通与市政道路建设都是每个大型城市的重要工作，虽然两项建设都属于城市交通工程，但是在多数城市两项建设往往单独立项、分别实施，难免在局部路段造成两项工程相互干扰，造成大量的社会资源浪费。为解决这一问题，我国很多城市开始积极探索新的解决办法，高架桥和地铁车站合建就是一种有效的方案，既节约了地下空间资源，又缓解了路面交通的压力。本小节以国内某桥站合建车站为例，针对这种特殊结构开展抗震分析。

某车站采用明挖法施工，基坑围护结构采用钻孔灌注桩，基坑内设置内支撑，车站主体为两层三跨现浇钢筋混凝土箱型结构，结构外设置全包防水层。附属结构采用明、暗挖相结合的施工方法。车站上方为某高架桥段且与车站走向一致，高架桥的桥墩基础坐落在车站顶板上，如图 4.4.1 所示。车站主体结构采用 C40 混凝土，顶、底板厚度均为 1500mm，侧墙 900mm，中板 400mm，中柱为 ϕ1000 钢管混凝土柱。

根据地勘资料和抗震分析简化需求，将基岩以上 70m 的地层归并为 4 类，即杂填土、黏质粉土、中砂和卵石，其物理力学性质指标如

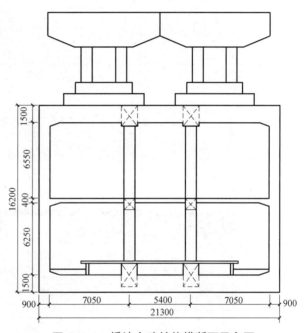

图 4.4.1　桥站合建结构横断面示意图

表 4.4.1 所示。地铁车站结构底板和侧墙下部位于卵石层，其他大部分处于中砂层，顶板覆土 3m。

场地土层物理力学指标　　　　　　　　　　　　　　表 4.4.1

土体名称	天然密度 （kN/m³）	压缩模量 （MPa）	黏聚力 （kPa）	内摩擦角 （°）
杂填土	19.2	12.0	6.0	12.0
黏质粉土	19.3	5.7	7.3	27.1
中砂	19.5	15.0	0	25.0
卵石	21.0	55.0	0	40.0

为研究该桥站合建结构的地震响应，建立二维平面应变有限元模型，如图 4.4.2（a）所示。依据前人研究成果，地下结构二维计算模型宽度应大于（3～5）D（D 为地下结构宽度）。地铁车站横向宽度为 21.3m，因此本计算模型横向宽度取 150m，满足要求。依

据地勘资料和相关规范,确定计算模型高度为70m。车站结构采用梁单元模拟,土体和高架桥均采用平面应变单元。计算时在模型底部输入 El Centro 波,分别分析设防烈度地震和罕遇地震两个工况。为比较与普通地铁车站的区别,另建立无合建高架桥的有限元模型,除不考虑高架桥结构外,地铁车站有限元模型均与桥站合建车站模型相同,如图4.4.2(b)所示。

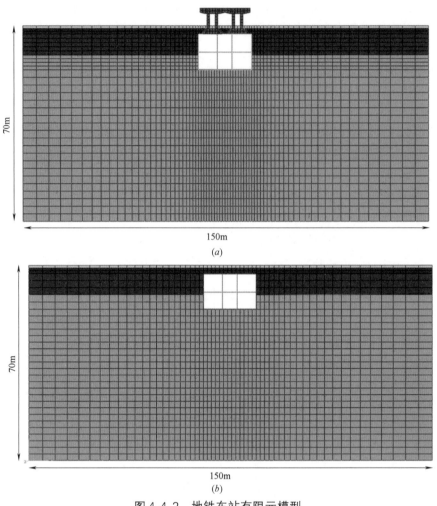

图 4.4.2　地铁车站有限元模型

(a)桥站合建;(b)普通车站

　　图 4.4.3(a)为设防烈度工况下,桥站合建车站结构的顶板与桥面加速度时程曲线,桥面加速度峰值为 0.157g,较车站顶板放大 1.34 倍,上部高架桥结构的惯性作用放大了下部传来的地震加速度。桥面加速度响应较车站顶板有略微的时间滞后,这是地震波由结构顶板通过普通基础、桥墩传递到桥面产生的时间差。

　　图 4.4.3(b)为桥站合建车站与普通车站结构顶板的加速度响应对比:在15s之前,输入的地震波动较为强烈,二者加速度响应有差异(桥站合建车站顶板加速度峰值 0.117g,普通车站顶板加速度峰值 0.087g),桥站合建车站顶板的加速度响应较大,上部高架桥的惯性作用影响到了车站顶板,造成其地震响应大于普通车站的顶板;在15s之

后，输入地震波强度较小，桥站合建车站受上部高架桥惯性作用的影响较小，因此二者震动波形接近。

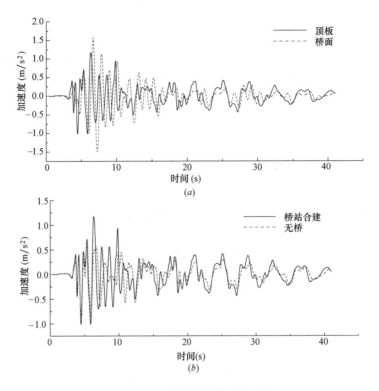

图 4.4.3　车站加速度响应对比

（a）桥站合建车站顶板与桥面加速度对比；（b）桥站合建车站与普通车站顶板加速度对比

图 4.4.4 为设防地震工况桥站合建车站和普通车站的最大内力。由图可见，桥站合建车站最大弯矩为 307.8kN·m/m，出现在顶板位置；而普通车站最大弯矩为 236.7kN·m/m，出现在底板位置。由此可见，桥站合建车站上部高架桥的惯性作用对车站在地震作用下的安全和受力模式都有影响。

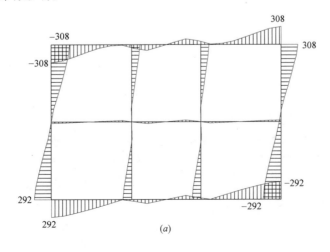

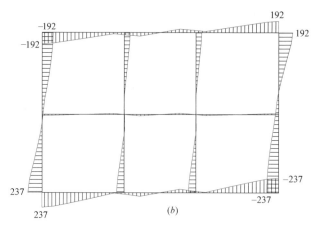

图 4.4.4　最大弯矩（kN·m/m）

（a）桥站合建车站；（b）普通车站

表 4.4.2 为桥站合建车站和普通车站的最大变形。由表可见，两种车站结构在设防烈度地震和罕遇地震工况下的最大变形均小于规范限值，满足变形安全要求，但桥站合建结构变形比普通车站变形大。

车站结构最大层间位移角　　　　　　　　　　　　　　表 4.4.2

工况	桥站合建车站		普通车站		规范限值
	地下一层	地下二层	地下一层	地下二层	
设防烈度地震	1/1136	1/1156	1/1377	1/1401	1/550
罕遇地震	1/672	1/693	1/785	1/793	1/250

从抗震的角度，桥站合建特殊结构不应单独对地铁车站分析，地铁车站与高架桥的合建改变了车站结构以往的抗震受力模式，高架桥的地震惯性作用对车站结构的地震响应有一定影响，地震动越大，影响也越大。以往的经验表明，形状规则的一般地铁车站结构地震工况不起控制作用，对于特殊地下结构，内力和变形均大于一般车站结构，特殊位置处和特殊结构处应重点研究，保证抗震安全。

4.4.2　中庭式地铁车站

一般的地铁车站长久处于自然地面以下，存在采光差、通风不良、内部空间局促、方向感不足等问题。为了解决这些问题，工程师在地铁车站设计中引入中庭式结构，从而提高了地铁车站的空间通透感和乘客舒适度，如图 4.4.5 所示。现有的中庭式地铁车站采用的方案大多是扩大中板的楼梯开孔，打通站台和站厅层，甚至通过顶板开孔将车站内部与地上的外部空间连接起来。这些措施都在一定程度上降低了车站结构的抗侧力水平，为结构抗震带来了挑战。本小节以上海某地铁车站为例[154]，研究中庭式地铁车站的地震响应情况。

上海某地铁车站总长 355.7m，宽度 21.34m，高度 13.79m，为地下二层岛式站台，由两段标准段和一段中庭段组成，如图 4.4.6 所示。中庭段顶板连续开孔 9 个，均为

(a)　　　　　　　　　　　　(b)

图 4.4.5　新加坡中庭式地铁车站

(a) 克拉码头站船形中庭；(b) 小印度站条形中庭

11m×9.6m，中板开孔 4 个，均为 18.6m×9.3m。设计覆土厚度约 1.88m，标准段侧墙、顶板厚度均为 800mm，中板 400mm 厚，底板厚度 1000mm，中柱截面 600mm×1100mm，柱距 8m，中庭段侧墙厚度 900mm，中板、顶板和底板厚度均与标准段一致。

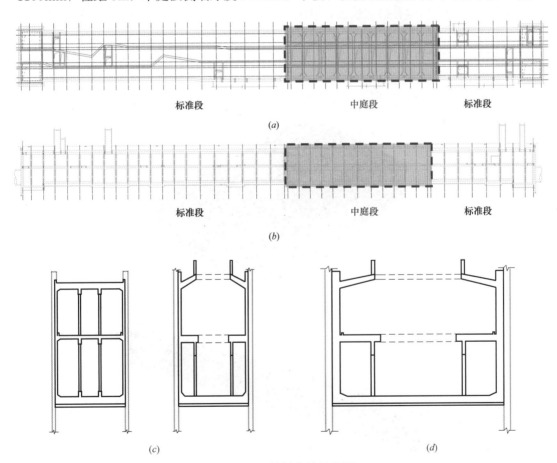

图 4.4.6　地铁车站结构图

(a) 平面图；(b) 立面图；(c) 标准段横断面；(d) 中庭段横断面

地铁车站位于上海软土地区，底板位于④层土范围内，拟建场地分布的③₁层淤泥质粉质黏土及④层淤泥质黏土处于抗震不利地段，地勘报告调查得到各土层物理力学性质如表4.4.3所示。

土层物理力学参数 表 4.4.3

土层	厚度（m）	重度（kN/m³）	弹性模量（MPa）	黏聚力（kPa）	内摩擦角（°）	泊松比
填土	2.14	17.0	2.0	15	5	0.35
粉质黏土	2.39	18.8	2.0	22	16.4	0.30
粉砂	3	18.7	21	2	31.7	0.30
粉质黏土	8.53	17.6	10.2	14	15.7	0.30
黏土	21.17	17.7	15	15	14.3	0.35
粉质黏土	5.83	19.7	19	48	17.3	0.30
砂质粉土	7.65	19.3	33	4	30	0.35
粉质黏土	4.29	19.0	27	31	19	0.30
粉砂	15	18.9	35	2	31.9	0.35

建立三维地层-结构有限元模型，整个模型尺寸405m×254m×70m。场地模型假设每层土厚度均匀，地层参数如表4.4.3所示，土体单元为三维实体单元。车站结构模型和围护结构模型均依照实际工程建立，除柱为C40混凝土外，其他均为C35混凝土，采用塑性损伤模型模拟结构。梁、柱构件采用梁单元模拟，板、侧墙、地墙均采用壳单元模拟，有限元模型如图4.4.7所示。计算时在模型底部横向分别输入上海人工波、El Cen-

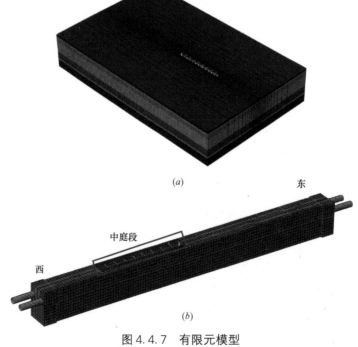

(a)

东

中庭段

西

(b)

图 4.4.7　有限元模型

（a）整体模型；（b）地铁车站模型

tro 波和 Kobe 波,考查设防烈度地震和罕遇地震两个水准的地震响应。

图 4.4.8 为车站最大横向层间位移沿纵向变化的情况。沿结构纵向每跨取一个监测点,可见从端头井至车站中间,车站结构的层间位移逐渐增大,中庭段东侧邻近的标准段有约 10 个监测断面的变形与中庭段接近,而西侧变形随远离中庭段而减小。车站下层的层间位移大于上层,但下层层高大于上层,总体来说同一横截面基本为整体变形。中庭段的层间位移变形与邻近的标准段变形相比,并没有明显的增大。图 4.4.9 为中庭段某横断面与东侧邻近标准段断面的层间位移时程曲线对比。中庭段与标准段的层间变形曲线波形一致,位移大小相当,体现了较好的一致变形趋势。

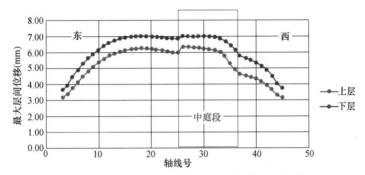

图 4.4.8　横向最大层间位移沿车站纵向变化

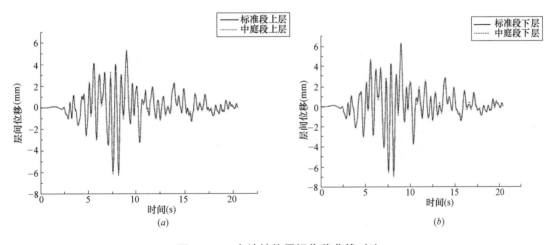

图 4.4.9　车站结构层间位移曲线对比

(a) 车站上层层间位移曲线对比;(b) 车站下层层间位移曲线对比

表 4.4.4 为不同地震波作用下中庭段与标准段的最大层间变形。中庭段的最大变形基本均大于标准段,但差距并不明显,Kobe 波工况二者变形相差最大,中庭段仅比标准段大约 9%。

通过以上计算结果可以看出,尽管中庭段整体变形大于标准段,但并未因顶板和中板开洞受到较大的影响。车站设计中加厚了中庭段的侧墙,并在开洞位置设置了尺寸较大的横梁和中柱以弥补因开洞造成的结构抗侧力刚度不足。从计算结果看,这些措施基本达到了设计的目的,基本保证了车站结构横向变形的整体性。

地铁车站最大层间位移角变形   表 4.4.4

地震动	地震强度	区段	结构层	最大层间位移	层间位移角
上海人工波	设防烈度	标准段	地下一层	6.25	1/979
			地下二层	7.02	1/1036
		中庭段	地下一层	6.36	1/962
			地下二层	7.05	1/1031
El Centro 波	设防烈度	标准段	地下一层	7.23	1/846
			地下二层	8.23	1/883
		中庭段	地下一层	7.28	1/840
			地下二层	8.27	1/879
Kobe 波	设防烈度	标准段	地下一层	8.81	1/694
			地下二层	10.82	1/672
		中庭段	地下一层	9.6	1/637
			地下二层	11.33	1/642
上海人工波	罕遇地震	标准段	地下一层	12.07	1/515
			地下二层	13.47	1/510
		中庭段	地下一层	12.15	1/512
			地下二层	13.88	1/495

一般认为，中庭段是车站结构的薄弱位置，地震发生时中庭段的局部将会产生异于标准段的变化。为研究该车站的薄弱位置，在模型底部输入罕遇地震，考查结构塑性区出现的先后顺序。

强震作用下，与中庭段相邻的标准段中柱柱端最先出现塑性变形，随后大部分标准段中柱柱端及中庭段顶板大开口处的横梁梁端出现塑性变形，之后与标准段相接的中庭段中板位置出现塑性区，再之后两个不同断面相接处附近的底板也出现塑性变形，最后与侧墙相连的顶、底板及中板位置出现塑性区，图 4.4.10 和图 4.4.11 分别表示了塑性区出现的顺序及位置。

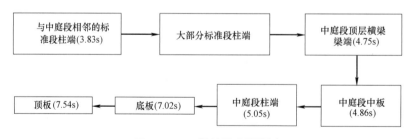

图 4.4.10 塑性区出现顺序

上海市《地下铁道建筑结构抗震设计规范》和《城市轨道交通结构抗震设计规范》中关于地铁车站在罕遇地震作用下的设防目标均为"大震可修"。从中庭车站的计算结果看，强震作用下塑性区只在局部位置出现，梁、柱、板、墙构件均未出现贯通的塑性区，大部分区域仍处于弹性阶段，满足"大震可修"的要求。塑性区先出现在柱，后出现在板，于抗震不利，这与 4.2.2 节中地铁车站的推覆分析结果类似。塑性区出现在柱端和梁端部位对抗震是不利的，与"强节点、弱构件"的抗震设计原则相悖，设计时应对类似的区域进行局部加强，提高地铁车站结构的整体抗震能力。通过优化结构布置，建立更为合理的地铁车站构件地震耗能机制，应是未来抗震设计的发展方向。

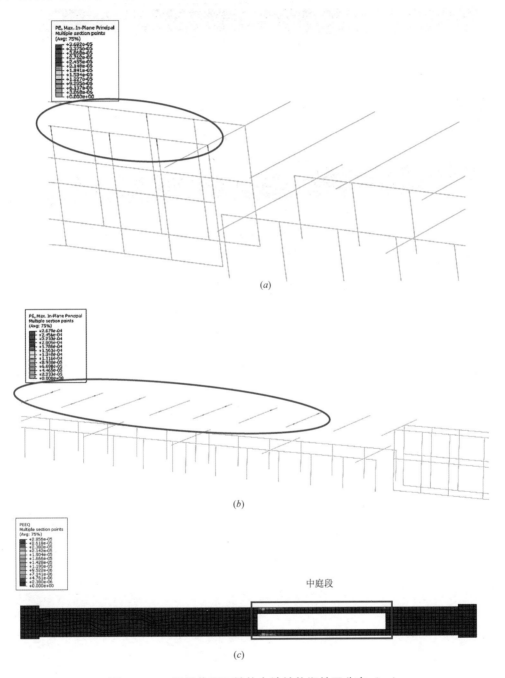

图 4.4.11　强震作用下结构车站结构塑性区分布（一）

（a）与中庭段相邻的标准段中柱柱端塑性区；（b）中庭段顶层横梁梁端塑性区；（c）车站中板塑性区

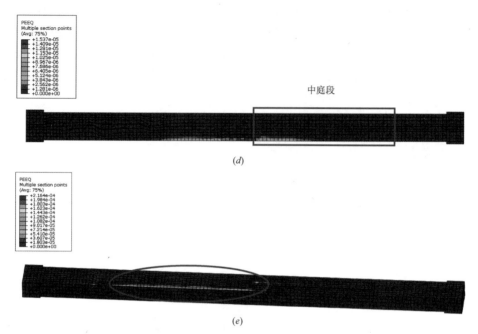

图 4.4.11　强震作用下结构车站结构塑性区分布（二）

（*d*）车站底板塑性区；（*e*）车站顶板塑性区

第 5 章　地下空间结构抗震设计研究

5.1　引言

城市大型地下空间占地面积巨大，对城市某一区域的发展往往起决定性作用，主要功能包括充当交通枢纽、提供活动空间、承载商业娱乐等方面。国外城市地下大空间规模开发利用起步较早，在多年的发展过程中已经形成了独有的特色。日本东京人口密集，城市用地极为紧张，因此非常重视地下空间的开发和利用。早在 1930 年，日本东京上野火车站地下步行街通道两侧就建设了商店，可以看作是地下商场的雏形[155]。几十年前，其地下铁道、地下商场等的建设规模和成熟程度已居世界领先地位。

我国地下空间的开发利用起步于 20 世纪 60 年代，依据当时的国情，以人防工程建设为主，国家有计划地组织修建了大批地下军事防护工程。改革开放之后，各城市将原有的老旧地下人防工程再次开发利用，结合城市建设的需要进行改造，较好地推动了我国城市地下大空间的发展。

随着我国城市地下空间的开发和利用，特别是随着设计方法和施工技术的提高，现代地下空间结构以大型地下公共建筑和综合交通枢纽为代表，不断向着大跨度、大断面、复杂结构形式的方向发展。一大批在国际上具有重大影响的大型地下空间结构已经在我国建成，如上海世博轴地下综合体工程、虹桥综合交通枢纽工程等。这些地下空间工程，无论是建筑体量规模，还是建筑技术难度，都处于世界领先水平。

与地铁车站类的明挖地下结构不同，地下大空间结构的横向尺寸更大。除墙-板结构外，还有更多的梁、柱构件形成框架，结构形式更为复杂。地下空间结构尺寸大幅度增长带来的主要问题是结构抗侧力刚度的下降，复杂的结构体系又使得结构的薄弱环节不易被察觉，这给地下空间结构的抗震设计带来了挑战。

我国目前并无专门针对地下空间结构的抗震设计规范，该类工程的抗震设计主要参考民建、轨道交通和其他通用地下结构的相关规范。此外，地下空间结构并没有专门的设计软件，多借助于地上民建结构的专业设计软件，抗震设计结果的合理性需要验证。本章首先调查了我国目前地下空间结构抗震设计的规范使用情况，并针对规范中存在的问题提出了改进建议，比较了住建部、上海市抗震设防专项论证规定与地下结构抗震设计规范的区别；然后对比了国内不同专业设计软件在地下空间结构抗震设计方面的分析原理，并通过实际算例论述专业设计软件抗震分析的合理性，基于实际工程，以通用有限元软件开展抗震设计与专业设计软件相比较，讨论了二者各自的优势和不足；最后，以实际工程为例讨论了特殊地下空间结构抗震设计的难点。

5.2 抗震规范在地下空间抗震设计中的应用

5.2.1 规范应用调查

目前国内暂时没有专门针对地下空间结构的抗震设计规范，表5.2.1调查了我国某些地下空间工程抗震设计时参考的相关规范和设计计算方法：地下空间与地铁车站合建的结构或单独的地铁车站地下空间一般参考上海市《地下铁道建筑结构抗震设计规范》，而不涉及轨道交通的单建式地下空间多依照《建筑抗震设计规范》进行设计。

《建筑抗震设计规范》规定地下结构的抗震设防目标为"小震不坏、大震可修"，与轨道交通行业规范的"中震不坏、大震可修"不同。上一章的研究认为，地铁车站结构的设防目标由"小震不坏"提高到"中震不坏"并没有给结构的抗震能力带来实质性的改变，但地下空间的结构形式与地铁车站不同，横向跨度更大，其抗震设防目标是否有必要提高还需开展进一步的研究。

地下空间结构的纵横跨度比一般比地铁车站结构小得多，如果按照平面应变问题研究可能会造成计算结果的不准确，需开展三维空间计算。另外，地下空间结构形式复杂多变，不能用平面应变问题解释。因此，表5.2.1中的抗震设计多采用地层-结构三维动力时程法，该方法建模复杂、计算耗时长，但计算结果较为准确，可为地下空间抗震设计提供依据。

2019年4月发布的《地下结构抗震设计标准》涵盖了多种地下结构类型，地下空间结构抗震设计可根据结构特点归类为"单体地下结构"或"多体地下结构"，但规范的适用性还有待验证。

地下空间工程抗震设计参考规范调查　　　　　　　　表5.2.1

作者	工程	主要参考设计规范	抗震计算方法
杨林德[156]（同济大学,2013）	上海江湾体育场地铁站地下综合体	上海市《地下铁道建筑结构抗震设计规范》"中震不坏、大震可修"	地层-结构三维动力时程法
杜冰[157]（河海大学,2010）	上海世博会地下变电站围护结构	《建筑抗震设计规范》"小震不坏、大震可修"	地层-结构三维动力时程法
段国华[158]（铁四院,2015）	南京青奥城地下停车场	《建筑抗震设计规范》"小震不坏、大震可修"	地层-结构三维动力时程法
李艳[159]（2017）	武汉某大型地下广场	《建筑抗震设计规范》"中震不坏"	反应位移法
禹海涛[160]（同济大学,2011）	临港新城滴水湖站交通枢纽工程	《建筑抗震设计规范》"小震不坏、大震可修"	二维反应位移法、三维动力时程法
丁德云、赵继[161]（北京城建院,2017）	某市轨道交通地下空间工程	《城市轨道交通结构抗震设计规范》"中震不坏、大震可修"	地层-结构三维动力时程法
安军海、陶连金[162]（北京工业大学,2015）	某地铁站大型地下综合体	《城市轨道交通结构抗震设计规范》"中震不坏、大震可修"	地层-结构三维动力时程法
刘茂龙[163]（广州大学,2011）	广州珠江新城地下空间	《建筑抗震设计规范》"小震不坏、大震可修"	地层-结构三维动力时程法

5.2.2　现行抗震设计规范的问题

地下空间抗震设计时有多部规范可供参考，但仍存在一些问题：①规范的差异性。常见的地下空间涉及综合民建、道路交通、轨道交通、市政等多个行业，但不同行业的规范存在差异，例如：《建筑抗震设计规范》的第一阶段设防目标是"小震不坏"，而《城市轨道交通结构抗震设计规范》是"中震不坏"，设防目标不统一，导致在抗震设计时可能出现混淆和矛盾。②规范的不合理性。例如：《建筑抗震设计规范》《地下结构抗震设计标准》等规定矩形断面地下结构的弹塑性层间位移角限值为 1/250，与地铁规范一致。但地下空间结构梁、柱等构件较多，与地铁车站结构有很大的区别，其变形限值需要通过专门的理论和试验研究来确定，借用地铁地下结构的抗震参数指标是不合理的。③规范的空白。地下空间的快速发展产生了很多异形的结构形式，如大开洞结构、地上地下合建的结构、一侧临空的结构等，对于这些特殊地下空间结构，抗震设计规范中并无涉及。

近年来，我国地下空间结构的发展日新月异，对应的抗震设计规范也应不断更新和补充。对上述出现的问题，可从几个方面进行改进：①各行业规范应根据各自的特点设定适合自身抗震设防目标，同时规定不同行业的结构合建时，如何确定统一的抗震设计参数，避免抗震设计参数选取的矛盾。②地下空间抗震设计规范在保证结构安全的基础上，应综合考虑各行业结构的使用功能要求。随着地下空间的发展越来越综合，兼顾多个行业的要求才能保证地下空间综合体的抗震整体和局部安全。③对于规范中未涉及的特殊形式地下空间结构应开展专门的分析和专项论证，评估结构的抗震安全性。

5.2.3　住建部、上海规定与规范的区别

2011 年 1 月，住建部发布了《市政公用设施抗震设防专项论证技术要点（地下工程篇）》（以下简称《抗震技术要点》），要求总建筑面积超过 10000 m^2 的城市轨道交通地下车站工程，以及市政地下停车场、市政隧道、共同沟等其他地下工程需要开展抗震设防专项论证。地下空间结构横纵跨度大，一般均需要开展抗震设防专项论证。

《抗震技术要点》规定的抗震设防目标是：当遭受低于本工程抗震设防烈度的多遇地震影响时，市政地下工程不损坏，对周围环境和市政设施正常运营无影响；当遭受相当于本工程抗震设防烈度的地震影响时，市政地下工程不损坏或仅需对非重要结构部位进行一般修理，对周围环境影响轻微，不影响市政设施正常运营；当遭受高于本工程抗震设防烈度的罕遇地震（高于设防烈度 1 度）影响时，市政地下工程主要结构支撑体系不发生严重破坏且便于修复，无重大人员伤亡，对周围环境不产生严重影响，修复后市政设施可正常运营。《抗震技术要点》的抗震设防目标与《城市轨道交通结构抗震设计规范》的"中震不坏、大震可修"相似，而高于《建筑抗震设计规范》的"小震不坏、大震可修"，可见《抗震技术要点》并没有比规范提高工程抗震设防要求。

《抗震技术要点》规定专项论证的主要内容包括：①抗震设防类别的确定、设防烈度及设计地震动参数等抗震设防依据的采用情况；②岩土工程勘察成果及不良地质情况；③抗震基本要求；④抗震计算、计算分析方法的适宜性和结构抗震性能评价；⑤主要抗震构造措施和结构薄弱部位及其对应的工程判断分析；⑥可能的环境影响、次生灾害及防御和应对措施等。专项论证要求抗震分析时，除常规的抗震计算以外，还需要开展不良地质作

用对结构抗震影响分析、地震条件下对临近重大基础设施和重要建、构筑物的影响等超出了抗震设计规范的范畴。此外，地震造成的环境影响、次生灾害等因素也需要考虑。

上海市住房和城乡建设管理委员会于 2016 年 12 月发布了《上海市市政工程抗震设防专项论证管理办法》（以下简称上海市《抗震管理办法》）。对于地下工程，上海市《抗震管理办法》的抗震设防目标与住建部《抗震技术要点》基本一致。上海市《抗震管理办法》专项论证的主要内容较《抗震技术要点》增加了两条内容，即整体计算、关键部位和薄弱部位细化分析的工程判断和采用隔震减震技术时的专门论证。上海市《抗震管理办法》结合本地区的不良地质条件规定，当处于软弱土、液化土、新近填土、严重不均匀土或断层破碎带等不利地段时，应分析其对结构抗震稳定性的影响，并提供地基液化的评价，较《抗震技术要点》的要求更为细致。

总之，上海市《抗震管理办法》的要求与《抗震技术要点》基本相同，只是在某些要求上比《抗震技术要点》更为细致。但二者的要求较一般基于抗震规范的抗震设计更加严格，尤其是对于规模较大、结构形式不规则的地下结构，要求更为具体，这体现了《抗震技术要点》和上海市《抗震管理办法》的目的。

5.3 地下空间结构抗震设计

5.3.1 专业设计软件抗震分析

目前，国内地下空间结构设计常用的专业设计软件主要有 PKPM 和盈建科等。在地上结构抗震设计方面，两种软件均经历了多年的研究积累和实际工程的检验，可以取得很好的效果。地上结构抗震分析采用反应谱法，主要考虑结构惯性作用的影响。高层结构通常带有地下室，目前的 PKPM 软件在结构整体抗震设计时均将地下室作为嵌固端，只考虑地上部分在地震作用下的惯性作用。由此可见，PKPM 软件在地下结构抗震设计方面还未深度开发，目前仅能将地下结构看作地上结构的嵌固段开展抗震设计。

与 PKPM 抗震分析只能用反应谱法不同，盈建科专业设计软件开发了计算地下室地震动土压力的反应位移法，能够模拟地震作用下地层运动对地下结构的影响。软件在总参数的地下室信息中增加了反应位移法计算参数，将按《城市轨道交通结构抗震设计规范》《建筑抗震设计规范》中反应位移法的相关条款对地下结构的地震作用进行计算。软件对于地下室部分，将通过输入的地震位移参数计算得到的等效荷载加在模型上，按静力工况进行计算。这在一定程度上弥补了专业设计软件不能执行地下结构抗震分析的缺陷。

地下空间的结构形式多种多样，从覆土条件的角度，可分为单建式纯地下空间 [图 5.3.1（c）] 和上下合建式结构 [图 5.3.1（b）] 两种。单建式纯地下空间结构一般整体埋于土中，而合建式结构一般为地下结构与地上结构合建。地震发生时，纯地下空间主要受场地的影响，结构随场地的变形而产生相应变形；与地下结构不同，合建结构的地上部分主要受惯性力的影响，势必与受场地影响为主的地下部分产生复杂的相互作用，这是一个复杂的抗震设计问题。本节将针对这一问题，采用专业设计软件研究分析单建式纯地下空间结构与合建式结构地震响应的差异。

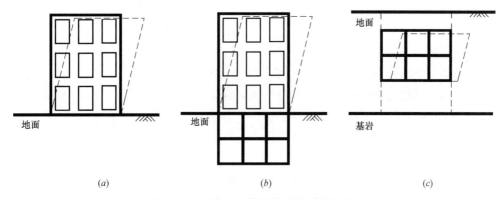

图 5.3.1　地上与地下抗震设计的不同

（a）地上结构；（b）地上结构与地下室；（c）地下结构

日照综合客运站北广场地下空间与地面建筑工程，主体地下三层（分为地下夹层、地下一层、地下二层），埋深约 17m，建筑平面布局近似矩形。平面宽度约 199m，长度约 445m（最长位置）。地上建筑高 5 层，采用框架结构。本工程地下空间结构采用十字梁板楼盖方案，典型柱网尺寸为 8.4m×8.4m。参考日照综合客运站及配套工程岩土工程勘察报告孔点数据，基础形式采用桩筏基础并采用锚杆抗浮。桩基及锚杆持力层选用高风化花岗岩层或微风化花岗岩层。结构整体计算模型如图 5.3.2 所示。

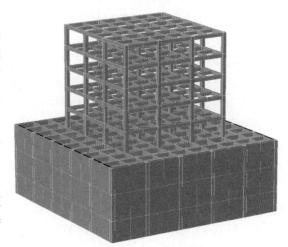

图 5.3.2　计算模型

（1）场地条件

根据勘察报告，场地主要由第四系全新统人工填土层（Q_{4ml}），上更新统砂质黏性土（Q_{3el}）。基岩为中生代燕山晚期花岗岩（γ_{53}）组成，现按地质年代由新到老、标准地层层序自上而下分述如下：

① 素填土（Q_{4ml}）

黄褐色，中密，稍湿～饱和，主要成分为强风化花岗岩岩屑，局部含少量建筑垃圾。该层局部分布，层厚约 1m。

② 砂质黏性土（Q_{3el}）

黄褐色，硬塑，干强度中等，韧性中等，土质较均匀。该层分布不均匀，局部分布，层厚约 1.2m。

③ 全风化花岗岩（γ_{53}）

褐黄色，湿～饱和，原岩结构和构造已破坏，主要成分为石英和长石，含少量角闪石，岩芯呈砂土状，岩芯采取率 75％以上，为极破碎的极软岩，岩石基本质量等级Ⅴ级。

该层分布不均匀,局部分布,层厚约1.4m。

④ 强风化花岗岩（γ_{53}）

褐黄色,湿～饱和,似斑状结构,块状构造,主要成分为石英和长石,含少量角闪石,节理裂隙发育,岩芯呈砂土状,岩芯采取率80％以上,为极破碎的软岩,岩石基本质量等级Ⅴ级。该层分布较均匀,大部分场地均有分布,局部缺失,层厚约11m。

④₁层微风化花岗岩（γ_{53}）

灰白色,饱和,似斑状结构,块状构造,主要成分为石英和长石,含少量角闪石,节理裂隙较发育,岩芯呈柱状,长柱状,柱长20～120cm不等,锤击声脆,不易碎,为较完整的坚硬岩,岩石基本质量等级Ⅱ级。该层分布不均匀,均为球形风化体,层厚约1m。

⑤ 层中风化花岗岩（γ_{53}）

褐黄色,饱和,似斑状结构,块状构造,主要成分为石英和长石,含少量角闪石,节理裂隙发育,岩芯呈碎块状和短柱状,岩芯采取率80％以上,为较破碎的较软岩,岩石基本质量等级Ⅳ级。该层分布不均匀,局部分布,层厚约3m。

⑥ 层微风化花岗岩（γ_{53}）

灰白色,饱和,似斑状结构,块状构造,主要成分为石英和长石,含少量角闪石,节理裂隙较发育,岩芯呈柱状,长柱状,柱长10～160cm不等,锤击声脆,不易碎,为较完整的坚硬岩,岩石基本质量等级Ⅱ级。该层分布较均匀,大部分场地均有分布,层厚约9m。

⑥₁层强风化辉绿岩（μ_{53}）

灰绿色,饱和,辉绿结构,块状构造,主要矿物成分为辉石,角闪石,黑云母,节理裂隙发育,岩芯呈碎块状,锤击易击碎,为极破碎的软岩,岩石基本质量等级Ⅴ级。该层为岩脉,仅在ZKC35和ZKC55钻孔揭示,层厚1.6m。

⑦₂层中风化辉绿岩（μ_{53}）

灰绿色,饱和,辉绿结构,块状构造,主要矿物成分为辉石,角闪石,黑云母,节理裂隙发育,岩芯呈块状和柱状,柱长一般10～20cm,最大24cm,锤击声脆,不易击碎,为极破碎的较软岩,岩石基本质量等级Ⅳ级。该层为岩脉,仅在ZKC55钻孔揭示,层厚5.80m,层顶高程-0.82m。

场地评价:勘区内无崩塌、滑坡、泥石流、地下采空区等不良地质作用,未发现影响场地稳定性的其他不良地质作用。建筑场地处于建筑抗震的一般地段,属较稳定的建筑场地,适宜进行工程建设。

（2）抗震设计参数

根据《建筑抗震设计规范》,结构抗震设防烈度为7度,设计基本地震加速度值为0.10g,场地土类别为Ⅱ类,特征周期0.45s。根据《建筑工程抗震设防分类标准》GB 50223,地下空间与地上结构抗震设防类别为重点设防类(简称乙类)。采用《建筑抗震设计规范》所附的地震影响系数曲线,阻尼比取0.05。

（3）抗震计算及结果分析

本工程为地下空间与地上合建结构,目前PKPM和盈建科专业设计软件在对该类结构进行抗震设计时,均需要将地上和地下部分分割,分别开展抗震分析。地上部分的分析往往将地下结构作为嵌固端，不对地下结构施加任何荷载，采用反应谱法计算地上结构的地震响应。地下结构部分，也需要单独建模分析。PKPM 软件目前无法考虑地层的影响，只能将单独建模的地下结构当作地上结构采用反应谱法分析；而盈建科软件新增的反应位移法分析模块，可以采用该方法对地下结构进行抗震分析。专业设计软件对地下与地上合建结构的抗震分析如图 5.3.3 所示。

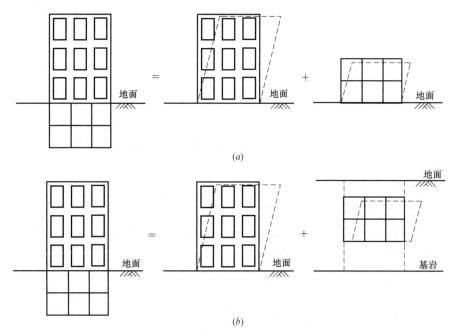

图 5.3.3　专业设计软件对合建结构的抗震分析
(*a*) PKPM 对合建结构的抗震分析；(*b*) 盈建科对合建结构的抗震分析

利用盈建科软件，采用反应谱法计算整体合建结构，采用反应位移法对合建结构的地下部分进行抗震分析，结果如下：

图 5.3.4 为地下空间顶板平面图，选取地下空间某边跨和中跨（虚线框），对比分析反应谱法和反应位移法的计算结果，如图 5.3.5 所示。反应谱法计算的结构边跨梁端弯矩较小，为 35.1kN·m，由边往中弯矩逐渐增大，分别增加至 96.4kN·m 和 101kN·m；反应位移法的内力分布规律则正好相反，边跨梁端弯矩最大，为 245kN·m，由边至中逐渐减小，第二跨的梁端弯矩为 37.6kN·m，远小于边跨梁端。两种方法计算结果差异很大，其根源在于两种方法的基本假定完全不同。反应谱法假定地震作用下地上结构主要受惯性作用影响，而地下结构作为嵌固端，不考虑周围地层的影响；而反应位移法的基本假定是地下空间结构主要受周围地层变形的影响，而惯性作用相对较小。反应位移法计算中，软件将地层位移等效为荷载施加在边跨，但等效荷载只在边跨产生较大的内力，而并没有将外部荷载传递到相邻中跨，造成边跨的梁端弯矩远大于中跨。从反应位移法的计算结果看，与地层位移相比，本工程地下空间结构周围剪应力的影响也是很小的。

本工程地下空间结构与上部结构合建，抗震分析时需要对地上、地下结构进行整体计算。图 5.3.6 为地上一层结构的平面图，选取虚线框部分作为研究对象，考查反应谱法和反应位移法计算的区别。图 5.3.7 为两种方法计算地上一层梁弯矩的对比。反应谱法计算的地上一层边跨与中跨梁端弯矩大小相当，且大于地下一层顶板的计算结果；反应位移法的计算结果远小于反应谱法，且与地下一层结构相比也小很多，说明反应位移法计算时只能计入地下结构，并未考虑上部结构的地震响应。

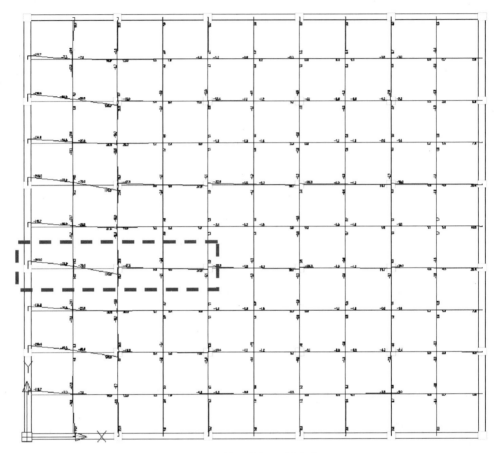

图 5.3.4　地下空间顶板内力图

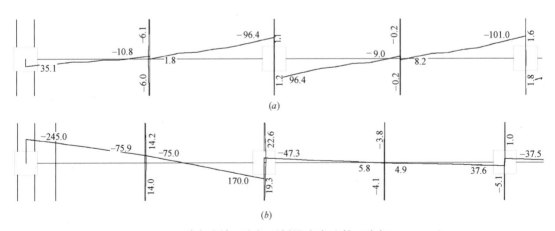

图 5.3.5　两种方法地下空间顶板梁内力比较（弯矩，kN·m）

（a）反应谱法；（b）反应位移法

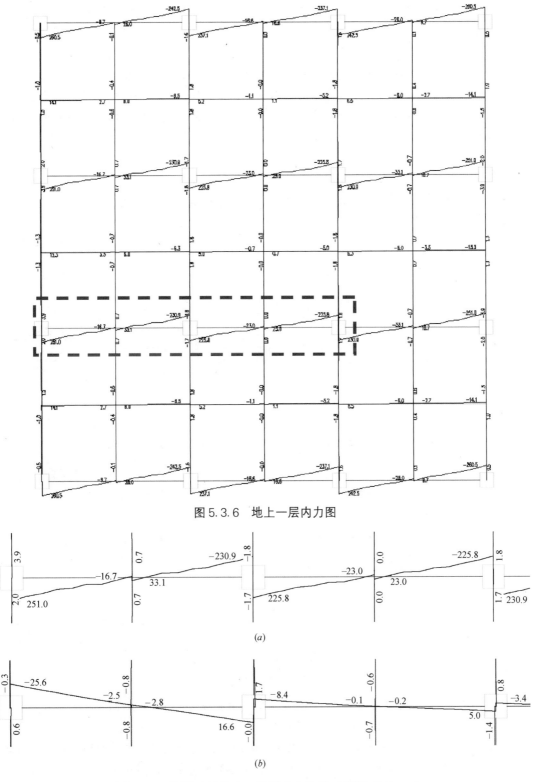

图 5.3.6　地上一层内力图

(a)

(b)

图 5.3.7　两种方法地上一层梁内力比较（弯矩，kN·m）

（a）反应谱法；（b）反应位移法

反应谱法计算三层地下空间结构的位移均为 0，说明软件在抗震分析时将地下结构作为嵌固端，这种分析方法并不合理。表 5.3.1 为反应位移法计算的地下三层结构的层间位移角变形，选取一边跨和一中跨进行对比。由表可以看出，中跨的变形大于边跨变形，这种现象与 4.4.2 节地铁车站的抗震分析结果相吻合。此外，地下结构由上向下变形逐渐增大，并不是变形量一致的整体侧向变形。本工程地下结构抗震分析中地层变形的影响占主导地位，由于软件中设定反应位移法的地层变形模式为简谐变形而非倒三角形变形，因此两种因素共同造成了上小下大的层间位移变形。实际上，反应位移法抗震分析中，地层变形的影响确实占有较大的权重，但结构周围剪应力和结构惯性力也是结构外荷载的重要组成部分，并不是某一个因素完全主导。反应位移法与反应谱法变形对比如图 5.3.8 所示。地震作用下地层的变形模式也是多种多样的，如果能自由输入地层变形，软件中的反应位移法将有更强的适用性。

反应位移法层间位移角   表 5.3.1

位置		近端（荷载施加处）	中间	远端
边跨	地下一层	1/32353	1/30556	1/26190
	地下二层	1/10000	1/11957	1/14103
	地下三层	1/6716	1/9000	1/11538
中跨	地下一层	1/3005	1/7478	1/21154
	地下二层	1/2957	1/4167	1/5238
	地下三层	1/1546	1/2528	1/4091

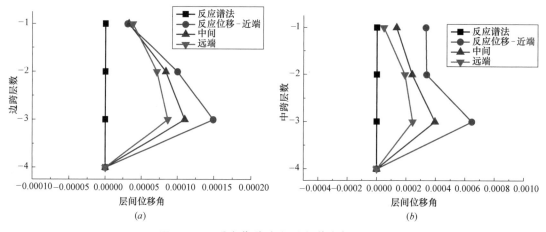

图 5.3.8 反应位移法和反应谱法变形对比

（a）边跨变形对比；（b）中跨变形对比

基于以上研究，采用反应谱法与反应位移法分析地下结构有本质的区别，总结于表 5.3.2。首先，反应谱法假定地下结构为嵌固端，不考虑地层的影响，地下结构不发生相对位移，这与目前的地下结构抗震分析假定相矛盾。目前盈建科软件的反应位移法对纯地下空间结构可以在一定程度上反映出地下结构的地震响应特征，但对于复杂的地上与地下合建结构抗震分析，不能考虑上下结构的耦合，只能将上部结构与地下结构分别计算，但上下分算的方法能否真实反映合建结构的地震响应特征，需要进一步的研究。

纯地下空间与合建结构的比较　　　　　　　　　　　表 5.3.2

结构形式	方法	优势	劣势
纯地下空间	反应位移法	在一定程度上能反映地下结构的地震响应特征	无法与地上结构耦合计算
合建式地下空间	反应谱法	地上结构计算结果可信	假定地下结构为嵌固端，不考虑地层变形的影响，与地下结构抗震分析的基本假定相矛盾

　　相比于地下结构，专业设计软件更适用于地上结构的抗震分析：PKPM 软件中目前没有对结构侧墙施加侧向土压力的功能，不能考虑地层对结构的影响；盈建科软件尽管能用反应位移法对地下结构进行抗震分析，但对于地下与地上合建结构，目前的抗震分析不能上下耦合，只能上下分别计算。专业设计软件对典型地下结构的分析方法见表 5.3.3。

专业设计软件对典型地下结构抗震分析方法　　　　　　表 5.3.3

专业设计软件	地下与地上合建结构		纯地下结构
	地上部分	地下部分	
PKPM	反应谱法	反应谱法（不考虑场地土体的影响）	反应谱法（不考虑场地土体的影响）
盈建科	反应谱法	反应位移法	反应位移法

　　尽管专业设计软件的反应位移法在一定程度上能够反映地下结构的地震响应，但从上文算例的变形结果看，盈建科目前的反应位移法计算模式与抗震规范中的要求仍有差异。因此，有必要借助有限元通用软件建立数值模型开展抗震分析，与专业设计软件的计算相互对比和印证。下文将着重对比专业设计软件与通用有限元软件在地下结构抗震设计方面的差异。

5.3.2　通用有限元软件抗震分析

　　专业设计程序以设计规范为基础，计算方法和分析模式较为固定，而通用有限元软件较为灵活，可以实现地下结构抗震设计规范中的多种计算方法。本小节以实际工程为例，对比分析通用有限元软件抗震分析与专业软件分析的差异。

　　【应用举例 1】虹桥综合枢纽抗震分析

　　虹桥商务区核心区一期 06 地块，位于申长路和申虹路之间，由 D17、D19 两个街坊组成，分别位于虹桥综合交通枢纽中心轴线（D18）的南北两侧。虹桥综合交通枢纽中心轴线（D18 地块）为地下两层结构：地下二层有轨道交通 10 号线、2 号线、20 号（青浦线）等线路经过，地下一层为申虹物业范围，如图 5.3.9 所示。本工程方案中，D17/D19 与 D18 连通形成区域地下商业步行空间，其中 D17 与 D18 连通处侧墙大开孔宽度约 35m，D19 与 D18 连通处侧墙大开孔宽度约 55m。

　　为确保虹桥商务区核心区 D18 地块地下一层大开孔施工后结构安全和正常使用，因此必须对大开孔施工后 D18 地块地下两层结构进行抗震分析和评估。

　　(1) 场地条件

　　工程场地位于虹桥综合交通枢纽西交通广场西侧，场地表层浇筑了厚约 300mm 的钢

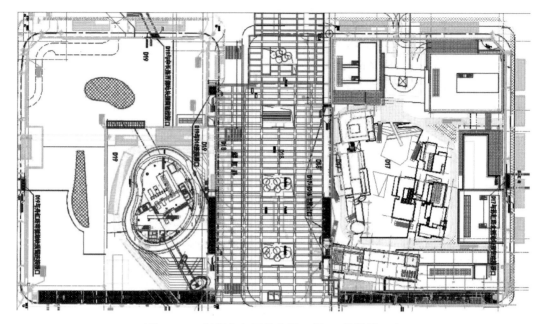

图 5.3.9 虹桥商务区核心区一期 06 地块平面图

筋混凝土地面，地面标高一般约在 4.0m 左右。工程场地最东侧受西交通广场开挖施工影响，地势较低，地面标高约 2.5m 左右。

根据所完成勘探孔资料，在勘察揭露的 65.34m 深度范围内，均为第四纪松散沉积物，属第四系河口、滨海、浅海、溺谷相沉积层，主要由饱和黏性土、粉土以及砂土组成，一般具有成层分布特点。勘察成果表明，拟建场地位于上海地区正常地层分布区域，第⑥层分布稳定，第⑦层土性有一定变化。拟建场地地基土分布有以下特点：

第①层填土，上部为钢筋混凝土地面，其下以杂填土为主，含碎砖、碎石等，局部底部以黏性土为主，含有机质。第一次勘察期间由于局部堆有大量建筑垃圾，故部分孔揭示填土厚度较厚（约 3.4～3.7m）；按目前地面标高，填土厚度一般约 1.5～2.0m。

第②层褐黄～灰黄色粉质黏土，含氧化铁条纹及铁锰质结核，局部夹黏土，土质不均。

第③层淤泥质粉质黏土，含云母、有机质，夹多量粉性土，土质不均。

第④层淤泥质黏土，呈流塑状态，含云母、有机质，夹少量薄层粉砂，土质较均匀。

第⑤_{1-1} 层灰色黏土，含云母、有机质、腐殖物及钙质结核，局部以粉质黏土为主，呈软塑～流塑状态。

第⑤_{1-2} 层灰色粉质黏土，含云母、腐殖物、钙质结核，局部夹多量薄层粉性土。

第⑥层暗绿～草黄色粉质黏土（上海地区俗称"硬土层"），含氧化铁条纹及铁锰质结核，土质较好。

第⑦_{1-1} 层草黄～灰黄色黏质粉土夹粉质黏土，含云母，夹多量薄层黏性土，局部为粉砂，在拟建场地均有分布，呈中密状态，土质不均。

第⑦_{1夹} 层灰黄～灰色粉质黏土夹黏质粉土，局部夹砂质粉土、粉砂，土质不均。

第⑦_{1-2} 层粉砂夹黏质粉土，颗粒组成成分以长石、石英、云母为主，局部夹多量薄层黏性土，土质不均。在拟建场地西北侧该层缺失，在拟建场地东侧该层厚度大，且土性佳。

第⑦₂t层粉质黏土夹黏质粉土，含云母，夹多量砂质粉土、粉砂，土质不均。在拟建场地普遍分布，但厚度变化较大。

第⑦₂层粉砂，颗粒组成成分以长石、石英、云母为主，层顶夹薄层黏性土，在工程场地均有分布，但层顶埋深有一定起伏，呈密实状态，土质佳。

根据勘察勘探孔揭示，在工程场地未发现明、暗浜分布，但场地杂填土厚度普遍较厚，且杂填土成分以碎砖、碎石等建筑垃圾为主。厚层杂填土分布对地下连续墙成墙及钻孔灌注桩成桩均有一定的不良影响。

根据勘察地层资料，按上海市工程建设规范《建筑抗震设计规程》DGJ 08—9—2013和国家标准《建筑抗震设计规范》GBJ 50011—2010（2016 年版）的有关条文判别：场地的抗震设防烈度为 7 度，设计基本地震加速度为 0.10g，所属的设计地震分组为第一组，场地类别为Ⅳ类。

另外，据上海地区工程经验场区浅部软土等效剪切波速大于 90m/s，依据国标《岩土工程勘察规范》GB 50021—2001（2009 年修订版）条文说明第 5.7.11 条，可不考虑软土震陷影响。

经勘察，场地 20m 深度范围内无饱和成层状的砂质粉土或砂土分布，根据上海市工程建设规范《建筑抗震设计规程》DGJ 08—9—2013 有关条文，工程场地可不考虑地基土地震液化影响。工程场地浅部地基土类型属软弱土，根据上海市工程建设规范《岩土工程勘察规范》DGJ 08—37—2012 及国家标准《建筑抗震设计规范》GB 50011—2010（2016年版）有关规定，工程场地属对建筑抗震不利地段，设计应采取相应措施。

（2）抗震设计参数

根据国家标准《建筑抗震设计规范》GB 50011—2010（2016 年版）、上海市工程建设规范《地下铁道建筑结构抗震设计规范》DG/TJ 08—2064—2009 等确定本工程设计参数如下：

建筑结构抗震等级：二级；

结构安全等级：一级；

设计使用年限：100 年；

结构重要性系数：1.1；

抗震设防分类：乙类（重点设防类）；

抗震设防烈度：7 度，弹性状态按设防烈度计算，抗震构造按 8 度；

场地类别：Ⅳ类；

设计地震分组：第一组；

地下结构防水等级：一级；

顶板活荷载：15kN/m²；

顶板恒荷载：36kN/m²；

地下一层底板活荷载：4kN/m²；

地下一层底板恒荷载：3kN/m²；

恒载分项系数：1.2；

活载分项系数：1.4；

设计基本地震加速度值为 0.10g；

设计特征周期值 1.0s，罕遇地震为 1.1s；

结构阻尼比取 0.05。

本工程为地下二层现浇混凝土框架结构，主体结构纵向外包长度 172.85m，横向外包长度 98.9m。主体结构内的构造柱、圈梁等构件混凝土等级不低于 C30。详见表 5.3.4。

车站结构构件表   表 5.3.4

构件名称	截面尺寸(mm)	混凝土等级
底板	2000	C35
站厅层板	300	C35
顶板	800	C35
侧板	800	C35
柱	Z1：1500×800	C50
	Z2：1500×1000	
侧板	800	C35

根据国家标准《建筑抗震设计规范》GB 50011—2010（2016 年版）和上海市工程建设规范《地下铁道建筑结构抗震设计规范》DG/TJ 08—2064—2009 等，并参考《工程场地地震安全性评价报告》，本工程在设防烈度地震下，水平地震影响系数最大值取 0.23；罕遇地震下，水平地震影响系数最大值取 0.45。

计算地震作用时采用的重力荷载代表值，即 100% 永久荷载标准值与 50% 等效均布可变荷载之和。对于结构各层楼板和各种截面形式的梁，以及结构各层中的墙单元，均采用 C35 混凝土，对应材料参数：弹性模量 $E = 3.15 \times 10^7 \text{kN/m}^2$，泊松比为 0.2，密度为 2500kg/m^3。对于结构各层柱体，均采用 C50 混凝土，对应材料参数：弹性模量 $E = 3.45 \times 10^7 \text{kN/m}^2$，泊松比为 0.2，密度为 2500kg/m^3。

由于虹桥综合交通枢纽中包含地铁车站，应参照轨道交通行业的抗震设计规范进行抗震设计。因此，本工程抗震设计依照上海市《地下铁道建筑结构抗震设计规范》和国家标准《城市轨道交通结构抗震设计规范》开展。

本研究首先采用反应位移法，对虹桥商务区核心区一期 D18 地块地下空间结构静力工况、设防地震工况和罕遇地震工况进行计算和分析，然后采用三维有限元时程分析法进行设防地震工况和罕遇地震工况分析。具体计算结果和安全性评价流程及指标阐述如下。计算工况见表 5.3.5，截面位置如图 5.3.10 所示。

（3）结构静力分析

在结构标准段选取三个关键断面进行计算分析，分别为横断面 1（D18 与 D17 连接处开洞位置）、横断面 2（D18 与 D19 连接处开洞位置）和横断面 3（两边开洞）。结构采用梁单元模拟，开洞位置处通过刚度等效的方法模拟，顶板上方无覆土，只在侧墙、底板外侧设置弹簧模拟土-结构相互作用。采用反应位移法计算，首先利用 SHAKE91 软件计算得到地震作用下结构位置处场地土体的相对位移，依据抗震设计规范将相对位移通过侧墙弹簧施加在结构上，并根据规范要求施加剪力和惯性力。

二维分析计算工况

表 5.3.5

工况号	工　　况		备　　注
1	二维计算	1-1 截面静力工况	反应位移法侧墙弹簧约束
2		2-2 截面静力工况	
3		3-3 截面静力工况	
4		1-1 截面静力＋设防地震工况组合	
5		2-2 截面静力＋设防地震工况组合	
6		3-3 截面静力＋设防地震工况组合	
7		1-1 截面静力＋罕遇地震工况组合	
8		2-2 截面静力＋罕遇地震工况组合	
9		3-3 截面静力＋罕遇地震工况组合	
10	三维计算	静力工况	侧墙弹簧约束
11		静力＋设防地震工况组合	时程分析法,侧墙弹簧约束

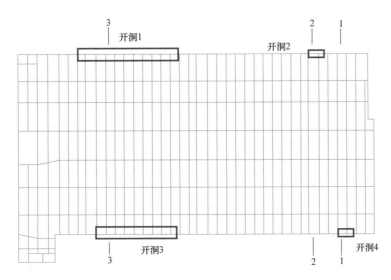

图 5.3.10　截面选取位置示意图 (红框处为开洞位置)

　　断面 1 结构模型如图 5.3.11 所示。根据静力组合工况，结构的内力图如图 5.3.12 所示。

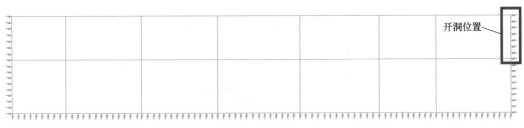

图 5.3.11　结构断面 1

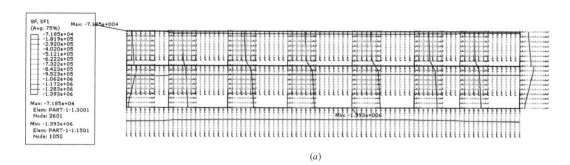

(a)

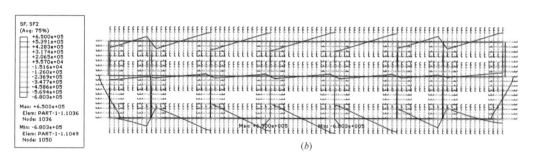

(b)

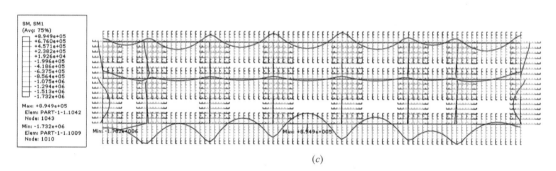

(c)

图 5.3.12　断面 1 静力工况内力

(a) 轴力图（峰值 1.393×10^{3} kN/m）；(b) 剪力图（峰值 6.803×10^{2} kN/m）；(c) 弯矩图（峰值 1.732×10^{3} kN·m/m）

断面 2 结构模型如图 5.3.13 所示。根据静力组合工况，结构的内力图如图 5.3.14 所示。

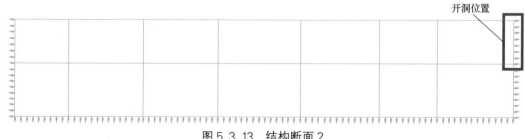

图 5.3.13　结构断面 2

断面 3 结构模型如图 5.3.15 所示。根据静力组合工况，结构的内力图如图 5.3.16 所示。

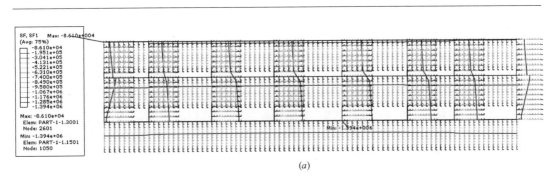

(a)

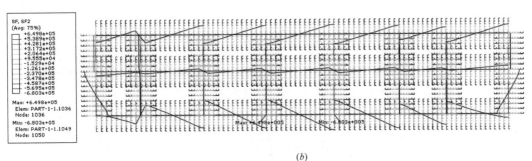

(b)

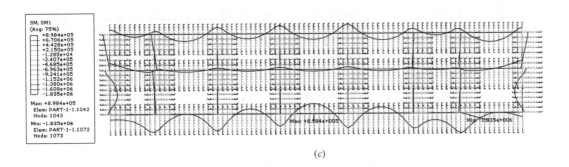

(c)

图 5.3.14　断面 2 静力工况内力

（a）轴力图（峰值 $1.394 \times 10^3 \mathrm{kN/m}$）；（b）剪力图（峰值 $6.803 \times 10^2 \mathrm{kN/m}$）；

（c）弯矩图（峰值 $1.835 \times 10^3 \mathrm{kN \cdot m/m}$）

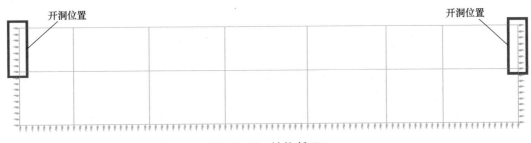

图 5.3.15　结构断面 3

（4）结构平面动力分析及评价

结构平面动力计算同时考虑静力荷载和地震作用组合。地震动计算方法采用反应位移法。

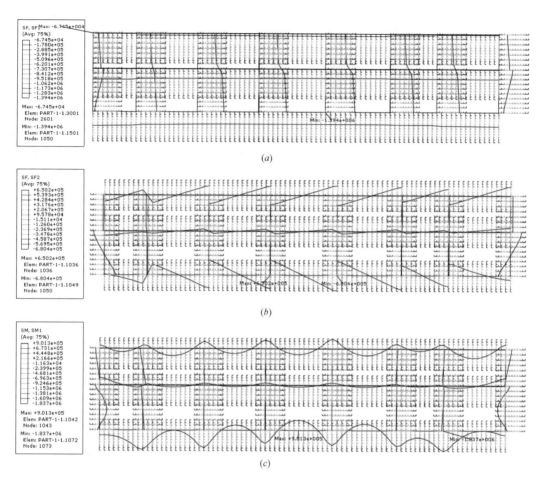

图 5.3.16　断面 3 静力工况内力

(a) 轴力图（峰值 $1.394 \times 10^3 \mathrm{kN/m}$）；(b) 剪力图（峰值 $6.804 \times 10^2 \mathrm{kN/m}$）；

(c) 弯矩图（峰值 $1.837 \times 10^3 \mathrm{kN \cdot m/m}$）

① 计算断面 1

静力＋设防地震作用组合（$0.1g$），如图 5.3.17 所示。

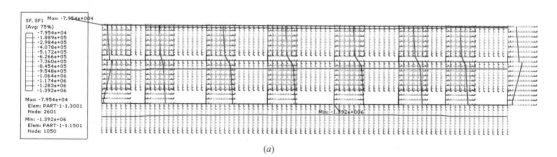

图 5.3.17　断面 1 静力＋设防地震组合工况内力（一）

(a) 轴力图（峰值 $1.392 \times 10^3 \mathrm{kN/m}$）

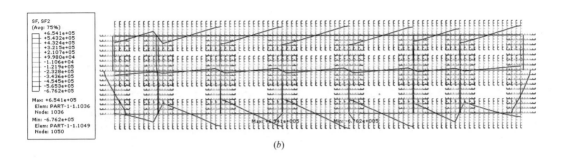

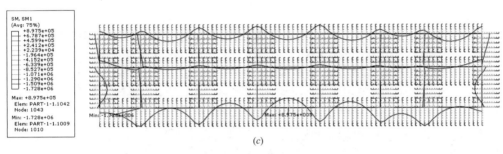

图 5.3.17　断面 1 静力＋设防地震组合工况内力（二）

（b）剪力图（峰值 $6.762 \times 10^2 \text{kN/m}$）；（c）弯矩图（峰值 $1.728 \times 10^3 \text{kN} \cdot \text{m/m}$）

② 计算断面 2

静力＋设防地震作用组合（$0.1g$），如图 5.3.18 所示。

③ 计算断面 3

静力＋设防地震作用组合（$0.1g$），如图 5.3.19 所示。

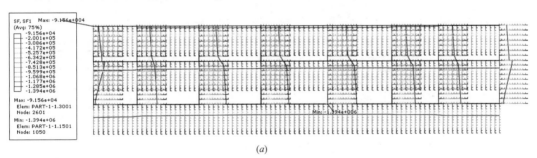

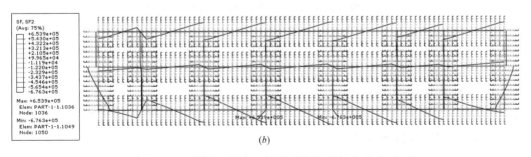

图 5.3.18　断面 2 静力＋设防地震工况组合内力（一）

（a）轴力图（峰值 $1.394 \times 10^3 \text{kN/m}$）；（b）剪力图（峰值 $6.763 \times 10^2 \text{kN/m}$）

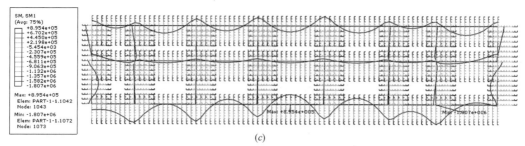

图 5.3.18　断面 2 静力 + 设防地震工况组合内力（二）

（c）弯矩图（峰值 1.807×10^3 kN·m/m）

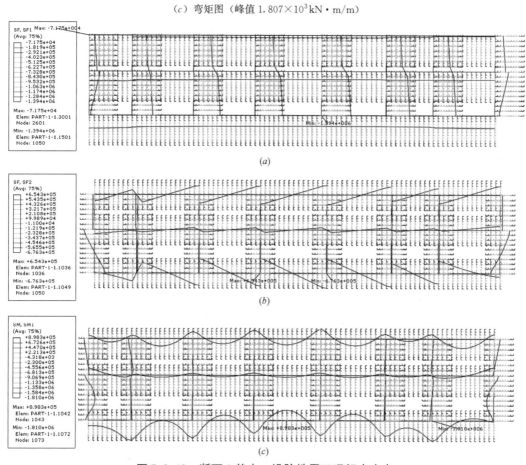

图 5.3.19　断面 3 静力 + 设防地震工况组合内力

（a）轴力图（峰值 1.394×10^3 kN/m）；（b）剪力图（峰值 6.763×10^2 kN/m）；

（c）弯矩图（峰值 1.81×10^3 kN·m/m）

　　计算结果汇总于表 5.3.6，三个断面设防烈度地震工况组合的结构内力均小于静力工况组合，最大层间位移角变形也小于规范限值 1/550。基于反应位移法计算结果和抗震规范，可认为三个断面横向抗震均满足"中震不坏"的设防目标。

（5）罕遇地震工况变形验算

　　根据上海市《地下铁道建筑结构抗震设计规范》中的要求，需对罕遇地震作用下结构的弹塑性变形进行验算。本次分析采用反应位移法对三种典型断面进行大震弹塑性分析。

弹塑性问题的分析是基于混凝土极限拉应变假设，即当结构计算中最大拉应变超过混凝土的极限拉应变限值 0.002 时，即认为该位置进入塑性状态。计算得到的塑性区位置如图 5.3.20 所示。

断面	静力工况组合			静力＋设防地震工况组合			最大层间位移角
	轴力(kN/m)	剪力(kN/m)	弯矩(kN·m/m)	轴力(kN/m)	剪力(kN/m)	弯矩(kN·m/m)	
1-1 断面	1393	680.3	1732	1392	676.2	1728	1/2419
2-2 断面	1394	680.3	1835	1394	676.3	1807	1/2480
3-3 断面	1394	680.4	1837	1394	676.3	1810	1/2480

各断面内力组合与变形　　　　　　表 5.3.6

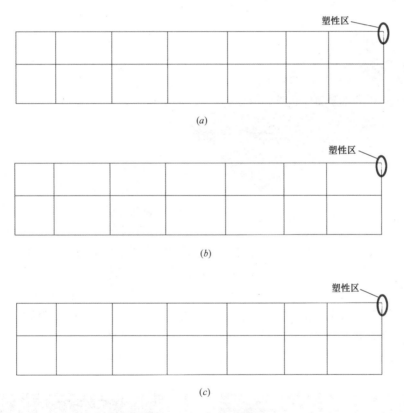

图 5.3.20　塑性区位置

(a) 1-1 断面；(b) 2-2 断面；(c) 3-3 断面

　　由计算结果可见，塑性区只出现在两种断面的结构侧墙与顶板的节点处，而且位置相同，区域面积较小，可看出结构体系仍为超静定结构几何不变体系，表明结构变形仍处于稳定的状态。根据计算结果，各断面层间位移角如表 5.3.7 所示。

　　根据计算结果，结构在罕遇地震作用下的弹塑性最大变形量为 1/1150，小于规范的限值 1/250，满足要求。二维分析地下空间结构的三个开洞断面，只对开洞位置处竖向杆件的刚度进行不同程度的削弱，其他杆件均无改变，施加的外荷载也无差别，这就造成三个不同断面的内力和变形相近。但实际上，地下空间结构不同开洞位置处的地震响应可能存在差异，而且这种复杂的地下空间结构还应开展三维有限元地震分析。

结构层间位移角 表 5.3.7

控制断面	地下结构地下一层	地下结构地下二层
1-1 截面	1/1200	1/1150
2-2 截面	1/1200	1/1250
3-3 截面	1/1200	1/1150

(6) 结构空间动力分析及评价

为了更加全面地反映地下大空间结构的动力作用，根据工程实际，采用有限元软件建立三维的结构空间受力模型开展地震动受力分析。计算方法为动力时程法，地震动输入为横向输入，所采用的地震波为上海人工波。

图 5.3.21 三维有限元模型

三维模型如图 5.3.21 所示，墙、板等结构采用壳单元模拟，梁、柱等构件采用梁单元模拟。由于该地下空间结构尺寸较大，如果采用地层-结构模型，需要建立几何尺寸更大的工程场地模型，时程分析法分析时，计算量是巨大的。因此，为简化考虑，在结构模型的侧墙和底板通过设置弹簧的方式模拟土-结构相互作用。通过 SHAKE91 软件分析得到传播至结构底板处的加速度，并将此加速度时程通过底板弹簧输入。

图 5.3.22 和图 5.3.23 分别为结构顶、底板的应力云图。由图可见，顶板最大拉应力约为 2.85MPa，发生在顶板侧边附近，超过了 C35 混凝土的轴心抗拉强度标准值 2.2MPa，可能发生拉裂现象；最大压应力约为 5.87MPa，小于规范规定的轴心抗压强度标准值，处于安全状态。结构底板的拉、压应力均小于规范中混凝土材料的标准值。图 5.3.24 为结构侧墙开洞位置处的最大拉应力云图。由图可见，无论是侧墙大开洞、还是小开洞位置处，结构的最大拉应力均不超过 1.5MPa，小于材料的抗拉标准值。

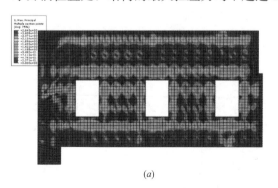

(a)

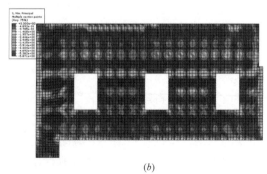

(b)

图 5.3.22 结构顶板应力云图

(a) 结构顶板最大拉应力云图（最大拉应力约 2.85MPa）；

(b) 结构顶板最大压应力云图（最大压应力约 5.87MPa）

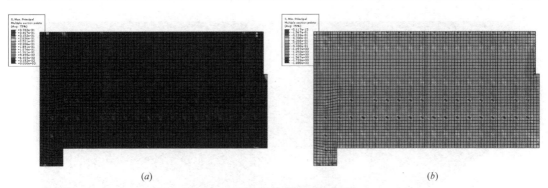

图 5.3.23　结构底板应力云图

（a）结构底板最大拉应力云图（最大拉应力约 0.38MPa）；（b）结构底板最大压应力云图（最大压应力 1.88MPa）

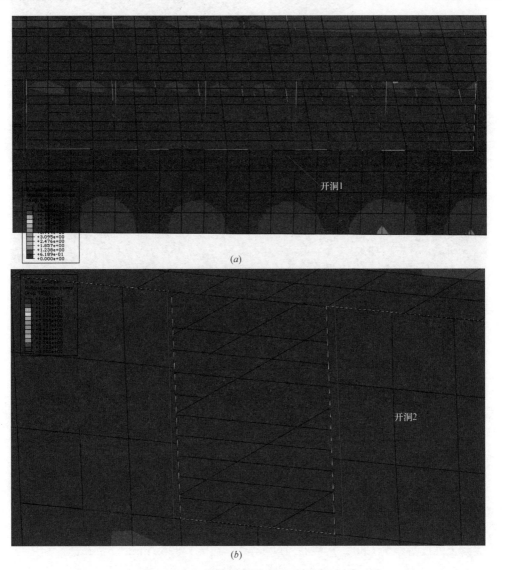

图 5.3.24　开洞位置处拉应力云图（一）

（a）D18 与 D17 连接处大开洞位置最大拉应力云图；（b）D18 与 D17 连接处小开洞位置最大拉应力云图；

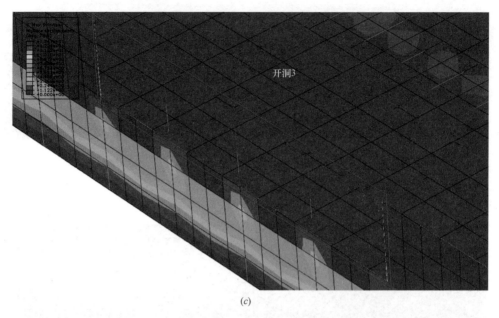

(c)

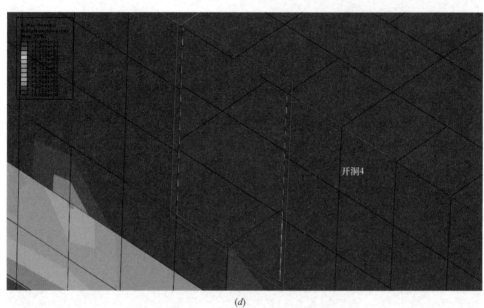

(d)

图 5.3.24　开洞位置处拉应力云图（二）

（c）D18 与 D19 连接处大开洞位置最大拉应力云图；（d）D18 与 D19 连接处小开洞位置最大拉应力云图

　　为了判断各构件最大内力值是否会引起结构的破坏，需要对开洞位置主要构件框架柱和主梁分别进行承载力计算，具体结果如下：

　　① 框架柱承载力计算

　　混凝土强度等级为 C50，$f_c=23.1\text{N/mm}^2$，$f_t=1.89\text{N/mm}^2$；

　　钢筋抗拉强度设计值 $f_y=360\text{N/mm}^2$，$E_s=200000\text{N/mm}^2$；

　　箍筋抗拉强度设计值 $f_w=210\text{N/mm}^2$，箍筋直径为 12mm，各层框架柱加密区箍筋间距 100mm，非加密区 200mm。如图 5.3.25 所示。

根据计算结果，地震工况开洞位置框架柱截面所配纵向钢筋面积应不少于 27300mm²，箍筋只需按构造配筋，而工程中该框架柱截面实配纵向钢筋面积为约 41800mm²，箍筋面积为 1017mm²，可见框架柱截面配筋满足地震工况的要求。

② 梁承载力计算

为了分析开洞对结构的影响，还需验算结构开洞位置处梁构件的承载力，具体承载力计算如下：

混凝土强度等级为 C35，$f_c = 16.7N/mm^2$，$f_t = 1.57N/mm^2$；

钢筋抗拉强度设计值 $f_y = 360N/mm^2$，$E_s = 200000N/mm^2$；

梁截面尺寸 1300mm×1700mm；

截面配筋上部 15 Φ 32，下部 15 Φ 32，中部 10 Φ 20；

纵筋合力点至截面近边边缘的距离 $a_s = 45mm$；

箍筋抗拉强度设计值 $f_w = 210N/mm^2$，箍筋直径为 14mm，间距 $s = 150mm$。

梁截面配筋如图 5.3.26 所示。

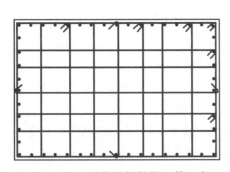

图 5.3.25　开洞位置框架柱配筋示意图

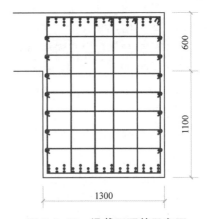

图 5.3.26　梁截面配筋示意图

根据计算结果，开洞位置主梁截面所配纵向钢筋面积应不少于 14420mm²，箍筋只需按构造配筋，而工程中该框架柱截面实配纵向钢筋面积为 24115mm²，箍筋面积约为 923mm²，可见框架柱截面配筋满足地震工况的配筋要求。其他各层主、次梁计算与以上相同，承载力也均满足要求，在这里不再赘述。

由以上计算结果可见，采用反应位移法和动力时程法两种方法对虹桥综合枢纽地下空间开展抗震分析，结果显示结构满足承载力和变形两方面的要求。住建部发布的《市政公用设施抗震设防专项论证技术要点》规定复杂结构之间相互作用分析应合理，并要求采用两种以上的计算分析方法进行计算比较。除采用有限元通用软件建模分析外，下文将使用专业设计软件对本工程进行抗震分析，并比较与有限元地下结构抗震分析的差异。

(7) 专业设计软件抗震分析

根据国家标准《建筑结构荷载规范》GB 50009—2012 和上海市工程建设规范《地下铁道建筑结构抗震设计规范》DG/T J08—2064—2009，使用结构设计软件 PKPM 建立地下结构的三维模型进行自重＋设防地震工况分析，三维模型如图 5.3.27 所示。

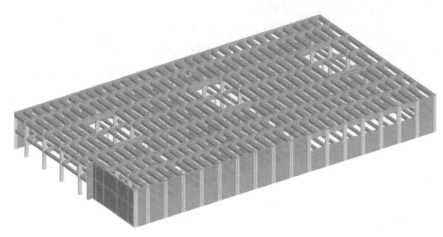

图 5.3.27 PKPM 模型图

主要分析参数说明如下：

抗震设防烈度为 7 度，场地土为Ⅳ类；

地震作用均采用耦联分析，振型数取 6 个；

地震作用计算时，程序只考虑横向单向地震作用；

结构上覆土厚度 2.4m，顶板活荷载取 $15kN/m^2$，顶板恒载取 $36kN/m^2$，地下一层底板活荷载均取为 $4kN/m^2$，恒载取 $3kN/m^2$，其中地震工况恒载分项系数取 1.2，活载分项系数取 1.4。

由于本工程为两层地下空间结构体系，7 度抗震设防，按照《建筑抗震设计规范》的相关规定：

① 楼板局部不连续定义：楼板的尺寸和刚度局部变化，例如，有效楼板宽度小于该层楼板典型宽度的 50%，或开洞面积大于该楼面面积的 30%，或较大的楼层错层。

② 楼层内最大的弹性层间位移应小于 1/550。

计算得到地下结构自振特性如表 5.3.8 所示，地下结构弹性层间位移反应如表 5.3.9 所示。

<table>
<tr><td colspan="4" align="center">地下结构自振特性　　　　　　　　　　　　　表 5.3.8</td></tr>
<tr><td rowspan="2" align="center">振型号</td><td colspan="3" align="center">PKPM</td></tr>
<tr><td align="center">周期(s)</td><td align="center">平动参与系数(X+Y)</td><td align="center">扭转参与系数</td></tr>
<tr><td align="center">1</td><td align="center">0.4641</td><td align="center">0.97(0.00+0.97)</td><td align="center">0.03</td></tr>
<tr><td align="center">2</td><td align="center">0.1851</td><td align="center">0.29(0.27+0.02)</td><td align="center">0.71</td></tr>
<tr><td align="center">3</td><td align="center">0.1700</td><td align="center">0.75(0.73+0.01)</td><td align="center">0.25</td></tr>
<tr><td align="center">4</td><td align="center">0.1193</td><td align="center">0.96(0.00+0.96)</td><td align="center">0.04</td></tr>
<tr><td align="center">5</td><td align="center">0.0511</td><td align="center">0.18(0.15+0.03)</td><td align="center">0.82</td></tr>
<tr><td align="center">6</td><td align="center">0.0472</td><td align="center">0.85(0.85+0.00)</td><td align="center">0.15</td></tr>
</table>

由结果可以看出，结构在 7 度设防烈度地震动作用下层间位移角反应均不大于 1/550，可见本结构能满足规范抗震变形要求。表 5.3.10 为 PKPM 计算结果与有限元结果的对

比，由表可见，PKPM 计算的地下一层变形略大于有限元计算结果，但地下二层变形远小于有限元结果。从结构变形看，有限元模型的地下一层与地下二层变形相差不大，呈整体变形趋势；而 PKPM 计算模型的地下一层变形是地下二层的 2.4 倍，上层变形远大于底层，这与地下空间结构的地震变形特征不符。PKPM 模型将地下空间结构视为上部结构的地下室，软件的基本假定是地下室为嵌固端，本模型中 PKPM 自动将地下二层底部固定，造成该层刚度增大，层间变形小于上层。

地下结构弹性层间位移反应 表 5.3.9

楼层	PKPM(0.9s)				PKPM(1.0s)			
	$\dfrac{D_{xi,max}}{D_{xi,ave}}$	$\dfrac{D_{xi,max}}{h_i}$	$\dfrac{D_{yi,max}}{D_{yi,ave}}$	$\dfrac{D_{yi,max}}{h_i}$	$\dfrac{D_{xi,max}}{D_{xi,ave}}$	$\dfrac{D_{xi,max}}{h_i}$	$\dfrac{D_{yi,max}}{D_{yi,ave}}$	$\dfrac{D_{yi,max}}{h_i}$
地下一层	1.12	1/9999	1.29	1/1809	1.12	1/9999	1.29	1/1809
地下二层	1.00	1/9999	1.00	1/4364	1.00	1/9999	1.00	1/4364

注：$D_{xi,max}$ 为纵向最大位移，$D_{xi,ave}$ 为纵向平均位移，$D_{yi,max}$ 为横向最大位移，$D_{yi,ave}$ 为横向平均位移，h_i 为层高。

PKPM 与有限元计算地下空间结构变形对比 表 5.3.10

计算手段	计算方法	最大层间位移角	
		地下一层	地下二层
有限元	二维反应位移法	1/1244	1/1180
	三维动力时程法	1/1700	1/1671
PKPM	反应谱法	1/1809	1/4364

除变形外，选取结构同一位置的相同构件进行比较，研究对象为相同工况下的同一位置的构件，并且该位置处的构件为受力最不利的构件，具体位置见图 5.3.28。两种方法的计算结果对比如表 5.3.11 所示。本地下空间结构的建模和计算方法，均参照相关抗震设计规范和抗震专项论证的要求，计算结果满足承载力验算和变形验算的要求，可达到预定的抗震设防目标。

图 5.3.28 对比构件位置

PKPM 反应谱法计算的结构内力，无论是轴力、剪力、弯矩，均远大于有限元动力时程法。PKPM 对本工程的抗震分析方法与地上结构的分析方法相同，并没有考虑周围土体的影响。但实际工程设计中，仍有工程师以此方法进行抗震设计，一大原因是反应谱法的计算结果偏大，抗震设计偏安全，且该方法在一定程度上也能反映地下结构的某些地震响应特征。下面再举一例，进一步研究地下空间结构的抗震设计问题。

分析结果对比			表 5.3.11
结果对比		有限元	PKPM
		动力时程法	反应谱法
静力自重＋设防地震作用工况	立柱最大轴力(kN)	2805	4864
	立柱最大剪力(kN)	284	366
	主梁最大弯矩(kN·m)	5500	7961

【应用举例 2】南京江北新区中心区地下空间抗震分析

（1）工程介绍

南京市江北新区地下空间一期项目位于浦口区中央大道两侧，江北新区核心区范围为西至万寿路及万寿路西侧规划路，北至定山大道北侧规划路，东至胜利路及胜利路以西规划路，南至商务西街北侧规划路。先期实施的是介于横江大道与九袱州路之间约 410m 的定山大街段，宽度为 50m。

先期实施段为地下两层建筑，顶板上覆土厚约 2.0～2.5m，地下一层为商业层，层高为 7.1m，地下一层两侧接后期开发地块的下沉广场；地下二层主要为车库层，层高为 5.4m，与后期开发地块相连，在地块一侧设置有地下环路；底板下中间 10.4m 净宽内设置有综合管廊，管廊层层高 3.3m；在地下空间底板与管廊层顶板之间的夹层设置管廊的进出线层，层高为 3.1m；地铁 4 号线区间段在管廊下方沿纵向穿过，与地下空间及管廊合建，区间净宽 10.4m，净高 5.6m，区间底板埋深北侧约 30.3m、南侧约 43.3m；在管廊层底板与地铁区间顶板之间的结构空腔内设置有一层（局部两层）结构，净高为 3.85m。标准段横剖面如图 5.3.29 所示。主体结构采用框架结构形式，基础采用平板式筏板基础，抗浮不满足时设置钻孔灌注桩；管廊、车库及区间段采用箱涵结构形式。

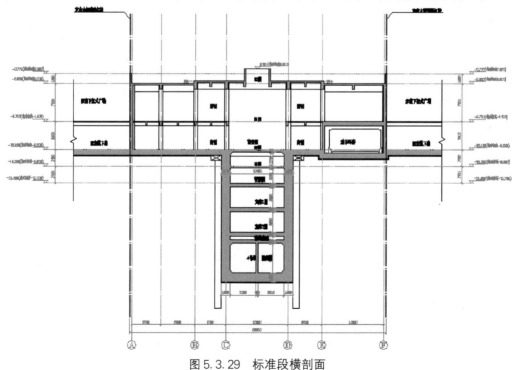

图 5.3.29　标准段横剖面

（2）抗震设计参数

根据地质报告及《建筑抗震设计规范》GB 50011—2010（2016 年版），结构抗震设防烈度为 7 度，设计基本地震加速度值为 0.10g。场地土类别为 Ⅳ 类，特征周期 0.65s，综合评定拟建场地为抗震不利地段，可不考虑软土的震陷影响。根据《建筑工程抗震设防分类标准》GB 50223—2008，本工程抗震设防类别为重点设防类（即乙类）。采用《建筑抗震设计规范》所附的地震影响系数曲线，阻尼比取 0.05。主体结构采用框架结构，抗震等级为二级。

（3）工程场地

工程场地原为农田、荒地、水塘、厂区、民房，原有建筑物已基本拆除，现场地已基本推填整平，局部有少量堆土，场地地势总体较平坦，局部略有起伏，地面高程在 6.03～8.49m（吴淞高程系）之间。万寿路南侧有一条平行于万寿路的中心河，场地地貌单元属长江漫滩。

根据野外勘探鉴别、现场原位测试，结合室内岩土试验资料综合分析，场地岩土层分布自上而下详细描述如下：

①$_1$ 杂填土：灰色～褐灰色，松散～稍密，主要由粉质黏土混大量碎砖、碎石等填积，密实度、均匀性较差，填龄小于 5 年，局部大于 10 年。道路范围表层为 30～60cm 沥青混凝土，其下为灰土垫层，层厚 0.5～7.8m。

①$_2$ 素填土：灰黄～灰色，软～可塑，由粉质黏土混少量碎砖、碎石填积，局部夹植物根系，均匀性较差，填龄大于 10 年。层顶埋深 0.5～4.9m，层厚 0.4～4.3m。

①$_3$ 淤泥质填土：灰～灰黑色，流塑，主要位于河底，填龄大于 10 年。层顶埋深 0.0～3.6m，层厚 0.2～0.9m。

②$_2$ 淤泥质粉质黏土、粉质黏土：灰色，软～流塑，含少量腐殖物，水平层理发育，局部夹层状粉土、粉砂，切面稍有光泽，韧性、干强度中等。层顶埋深 0.2～7.8m，层厚 7.1～13.9m。

②$_3$ 淤泥质粉质黏土、粉质黏土：灰色，流～软塑，水平层理发育，夹薄层粉土、粉砂，含少量腐殖物，切面稍有光泽，韧性、干强度中等偏低。层顶埋深 9.8～19.5m，层厚 3.9～13.4m。

②$_3$a 淤泥质粉质黏土、粉质黏土与粉土、粉砂互层：灰色，淤泥质粉质黏土、粉质黏土软～流塑，粉土、粉砂稍密，水平层理发育，粉土、粉砂与淤泥质粉质黏土、粉质黏土厚度比例在 1：3～1：2，有摇振出水反应，切面稍有光泽，局部无光泽，韧性、干强度中等偏低。层顶埋深 14.0～28.5m，层厚 0.8～10.2m。

②$_4$ 粉细砂夹粉质黏土：灰色，粉细砂中密，粉质黏土软～流塑，局部互层状。层顶埋深 22.9～32.5m，层厚 0.5～8.6m。

②$_5$ 粉细砂：灰色，密实，含云母碎片，局部夹薄层粉质黏土，夹有贝壳。层顶埋深 28.7～36.2m，层厚 4.7～16.5m。

②$_5$a 粉质黏土：灰色，软～流塑，有水平层理，夹薄层粉细砂，切面稍有光泽，局部无光泽，韧性、干强度中等偏低，呈透镜体状分布于②$_5$ 层中。层顶埋深 35.5～45.7m，层厚 0.7～3.5m。

②$_6$ 中细砂：灰色，密实，含云母碎片，夹有贝壳，局部为粗砂、砾砂。层顶埋深

39.5～47.0m，层厚 0.9～10.1m。

③₄e 含卵砾石中粗砂：灰色，密实，卵砾石含量不均匀，一般在 15%～30%，局部达 40%，粒径一般为 0.5～8cm，少量大于 10cm，呈亚圆形，为石英质。层顶埋深 43.4～51.7m，层厚 6.1～20.6m。

③₄ 中细砂：灰色，密实，含云母碎片，夹有贝壳，局部为粗砂、砾砂。层顶埋深 53.0～63.7m，层厚 2.8～42.0m。

⑤₁ 强风化泥质粉砂岩、粉砂质泥岩：紫红色，风化强烈，岩石结构大部分破坏，手捏易散碎，层底部夹少量中风化岩碎块，属极软岩，岩体基本质量等级分类为 V 级，遇水易软化。层顶埋深 61.8～104.0m，层厚 0.3～4.3m。

⑤₂ 中风化泥质粉砂岩、粉砂质泥岩：紫红色，夹细砂岩，以极软岩为主，局部夹软岩，岩体较完整，少量闭合裂隙发育，裂隙中充填薄层石膏，基本质量等级分类为 V 级，遇水易软化。层顶埋深 63.0～104.9m，该层未钻穿。

根据区域地质资料及江苏省地震部门资料，南京地区地壳形变表现为微弱的整体上升，上升的速率较小，约 1mm/年，近三十年长办精密测量也说明南京地区相对稳定。根据南京地区地质图，场区无影响稳定性的断裂通过。根据勘探结果，场地基岩岩面平缓，岩体完整，未见破碎岩层，这也说明场区无断裂存在。南京地区地震活动的特点是：地震活动多以小震活动方式不断释放能量；破坏性地震的强度不大，频度亦低；南京地区的地震活动主要受外地地震波及影响，由于地震烈度衰减较大，这种影响所造成的烈度较低。所以，南京地区地震水平无论从强度和频度上来看，地震活动水平属中等偏下，属基本稳定地区。

场地地形较平坦，场地及周围未发现有影响地基稳定性的滑坡或边坡存在。场地勘探深度内未发现岩溶、土洞等影响场地稳定性的不良地质作用。本场地松软填土层之下有饱和软弱黏性土分布，其工程性质不良。根据分析，在采取了相应的处理措施后，本场地工程建设遭受和引发地质灾害的可能性较小，遇到的工程地质问题、水文地质问题，以及环境保护问题能够处理解决，可以进行工程建设。

（4）设防目标

根据住房和城乡建设部下发的《市政公用设施抗震设防专项论证技术要点（地下工程篇）》相关规范，本次地下工程结构的抗震性能要求分成下列三个等级：

① 当遭受低于本工程抗震设防烈度的多遇地震影响时，市政地下工程不损坏，对周围环境和市政设施正常运营无影响。

② 当遭受相当于本工程抗震设防烈度的地震影响时，市政地下工程不损坏或仅需对非重要结构部位进行一般修理，对周围环境影响轻微，不影响市政设施正常运营。

③ 当遭受高于本工程抗震设防烈度的罕遇地震影响时，市政地下工程主要结构支撑体系不发生严重破坏且便于修复，无重大人员伤亡，对周围环境不产生严重影响，修复后市政设施可正常运营。

（5）抗震计算

本工程小震采用 PKPM 计算，中震及大震采用有限元反应位移法进行。由于采用 PKPM 进行地下结构抗震分析时，结构主要受惯性力的影响，无法反映出土体的影响；而地下结构与地上结构不同，由于包裹在土体中，惯性力的影响占地震响应的比例较低，因而 PKPM 在计算地下结构地震响应时有失真现象；同时，反应位移法为地下结构抗震计算方法中较为简洁实用的方法，能较好地反映地下结构的地震响应，故采用反应位移法计算中震及大震工况。场地位移、地层弹簧系数、结构外侧剪力、惯性力等参考《地下结构抗震设计标准》等相关标准取值。

PKPM 小震作用和有限元中震、大震作用下的结构变形如表 5.3.12 所示。PKPM 计算结果显示：小震作用下，地下 2 层结构以下至地下 8 层管廊部分均为无限刚度的嵌固端，只有地下一层发生了相对变形。有限元计算结果表明：中震作用下，地下 1 层和地下 2 层的结构变形大小相当，基本呈整体变形趋势；而地下 3 层至地下 8 层管廊结构的变形比地下空间结构小，且随深度的增加变形逐渐减小。大震工况的结构变形规律与中震工况类似。PKPM 模型将除地下一层外的其他各层的位移全部限制，地震作用下只有地下一层发生相对变形，且小震作用下的变形量超过了有限元模型中震工况的变形，体现了惯性力的主导作用，与实际不符；而有限元模型地下空间结构的整体侧向刚度保持一致并与管廊结构有所区别，相对更为合理。

地下空间变形对比　　　　　　　　　　　　　　　　表 5.3.12

层号	小震作用（PKPM）	中震作用（有限元）	大震作用（有限元）
	层间位移角	层间位移角	层间位移角
地下 1 层（地下空间）	1/906	1/1572	1/564
地下 2 层（地下空间）	1/9999	1/1328	1/466
地下 3 层（管廊）	1/9999	1/4142	1/1780
地下 4 层（管廊）	1/9999	1/4528	1/1706
地下 5 层（管廊）	1/9999	1/5040	1/1794
地下 6 层（管廊）	1/9999	1/4518	1/1908
地下 7 层（管廊）	1/9999	1/7168	1/2404
地下 8 层（管廊）	1/9999	1/11924	1/3974

选取地下空间结构的 4 个中柱为研究对象，对比分析 PKPM 抗震计算与有限元抗震计算的区别，如图 5.3.30 所示。

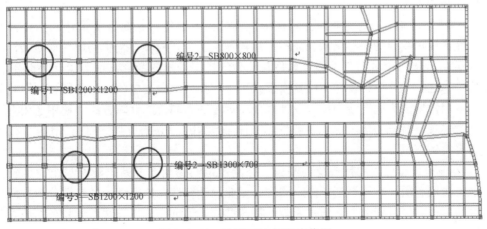

图 5.3.30　选取对比柱所在位置

提取各种地震工况下结构竖向构件（柱）内力如表 5.3.13 和表 5.3.14 所示。

有限元中震、大震作用柱内力峰值　　　　　　　　　　　表 5.3.13

编号	截面名称	中震轴力（kN）	中震剪力-x（kN）	大震剪力-x（kN）	中震剪力-y（kN）	大震剪力-y（kN）	中震弯矩-x（kN·m）	中震弯矩-y（kN·m）
1	SB1200×1200 柱	9566.3	78.1	91.6	1202.8	1337.1	4035.7	191.8
2	SB800×800 柱	5498.6	10.6	10.9	249.7	276.2	1054.8	36.2
3	SB1200×1200 柱	11092.3	80.9	84.3	826.9	841.5	4498.7	423.7
4	SB1000×700 柱	2817.1	34.1	35.1	8.2	10.9	21.1	104.9

PKPM 小震作用柱内力峰值　　　　　　　　　　　表 5.3.14

编号	截面名称	轴力（kN）	剪力-x（kN）	剪力-y（kN）	弯矩-x（kN·m）	弯矩-y（kN·m）
1	SB1200×1200 柱	9986.7	80.5	1313.3	4135.1	241.0
2	SB800×800 柱	5508.4	11.5	259.9	1104.8	38.4
3	SB1200×1200 柱	12892.0	81.3	836.4	4528.0	433.2
4	SB1000×700 柱	2923.8	35.5	5.2	28.9	124.5

由表可见，PKPM 小震作用下的中柱内力值超过了有限元中震作用下的内力，只比有限元大震作用下的内力略小。采用 PKPM 反应谱法进行抗震分析的计算结果往往偏大，尽管抗震设计偏安全，但无法真正反映地下结构的动力特征。有限元软件适用性较强，但相比于专业软件，其与设计方法和设计规范并无结合，不能完全匹配设计。下一小节将详细比较专业软件和通用软件在抗震设计上的优劣。

5.3.3　专业设计软件与通用有限元软件的差异

地下空间结构抗震分析选用有限元通用软件还是设计专用软件，是一个难以抉择的问题。PKPM、盈建科等专业软件是地上民建结构最常用的设计分析软件，在抗震方面分析了大量的案例，积累了丰富的经验。专业软件专门针对工程设计，根据工程的发展和规范的更新，软件也不断修正和升级，这些优势是有限元通用软件不具备的。然而，对于地下结构抗震设计，目前专业设计软件也存在自身的缺陷。两类软件在地下结构抗震设计方面各自的优势和不足如下：

① PKPM、盈建科等专业设计软件中抗震分析方法的内核是反应谱法，主要针对地震中惯性作用占主导的地上结构。而地下结构埋于土中，地震过程中场地变形对结构产生的影响很大，但 PKPM 等专业设计软件目前无法模拟场地的变形，也不能反映土-结构相互作用。总之，专业设计软件无法真实反映地下结构的地震响应状况。相反，有限元通用软件的适用性更强。地下结构抗震设计规范中规定的不同抗震计算方法，使用通用有限元软件均可实现，对于场地状况、材料性质、土-结构相互作用、边界条件、地震荷载等均能较为真实地模拟。

② 专业设计程序以现行规范为基础，并随规范的变动而不断更新，专业设计软件的时效性是通用有限元软件不具备的。同时，专业设计软件在地上结构的抗震分析方面积累了大量的工程案例，其中不乏形式复杂的特殊结构，其抗震分析方法可为复杂的地下空间结构提供借鉴。此外，专业设计软件在地震荷载组合、包络内力读取等方面都比有限元通

用软件更方便。

③ 从南京市江北新区地下空间算例可以看出，对于同样的结构，专业设计软件抗震分析计算得到的结构地震响应普遍大于通用有限元软件的结果。专业设计软件的抗震分析多用反应谱法，该方法的基本假定是结构主要受惯性作用的影响，不考虑地层的作用；而通用有限元软件多考虑周围地层变形对结构的影响。虽然计算的基本假定不同，但从以往发生的震害和结构抗震原理可以看出，埋于地下的结构受到土层的保护，其抗震安全性比地上结构更好。这也解释了该算例中 PKPM 计算的结构内力大于有限元计算结果的现象。因此，尽管使用专业设计软件对地下结构进行抗震分析时，其计算结果的精确程度远不如有限元数值模型，但采用其结果进行抗震设计时，结构的抗震安全性是有保证的。另外，对地下结构的关注点不同可以选择不同的抗震分析方法，如图 5.3.31 所示。

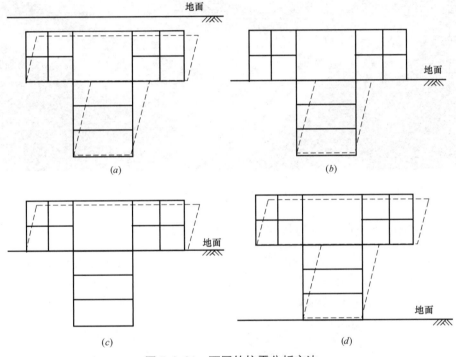

图 5.3.31　不同的抗震分析方法
(a) 分析模型 1（反应位移法）；(b) 分析模型 2（反应位移法）；
(c) 分析模型 3（反应位移法）；(d) 分析模型 4（反应位移法）

总之，目前的专业设计软件还不能完全反映地下空间结构的地震响应状况，地下空间结构抗震设计时还需要借助有限元通用软件来建模分析。随着地下建筑的建设规模逐渐增大，专业设计软件也开始增加了地下结构抗震设计的模块，如果将来对这些模块不断改进和完善，保证地下结构抗震设计的合理性和真实性，使用专业设计软件进行地下结构抗震设计将更加方便。

5.4　异形地下空间抗震设计问题

随着地下空间的不断开发，城市对地下空间结构功能的需求也多种多样。很多融合多重立体交通、公共服务、复合综合商业、绿色市政、智能停车等多种功能的城市地下综合体应运而生（图5.4.1）。由于使用功能和环境的需要，这些地下空间结构往往结构形式多变、环境情况各异，给地下结构的抗震设计带来了挑战。本节将通过几个工程案例探讨异形地下空间结构的抗震设计问题。

图5.4.1　综合地下空间

5.4.1　十六铺地下空间——与其他地下结构共用地连墙

十六铺地下空间开发工程是外滩综合改造工程的一部分，位于外滩十六铺地区，沿中山东二路下方布置，北起新开河路、南至龙潭路南侧约100m，东侧为毗邻黄浦江拟建的十六铺水上旅游中心，西侧为拟建外滩交通枢纽，如图5.4.2所示。

图5.4.2　工程平面位置

该地下空间工程结合外滩通道工程共同实施，工程总长为245m，总宽为55m，底板埋深 14.5m。地下空间共分三层，地下一层为外滩通道的行车空间；地下二层为人行公共通道空间，以人行通道功能为主，商业服务功能为辅；地下三层为车库及设备空间，如图 5.4.3 所示。地下空间在地下二层设置与外滩交通枢纽和十六铺水上旅游中心的接口，同时为 8-1 地块预留了人行连通口；地下三层作为车库也考虑了与十六铺水上旅游中心和外滩交通枢纽地下车库的接口，以及预留与 8-1 地块地下车库的连通口。

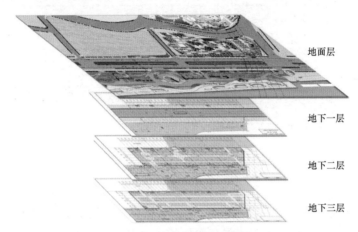

地面层

地下一层

地下二层

地下三层

图 5.4.3　地下空间示意图

地下空间结构使用年限为 100 年，安全等级一级，抗震设防烈度为 7 度，抗震等级三级，结构防水等级二级。地下空间平面布置较为规则，柱网间距 5.5～8.4m，地下一层为外滩通道箱形结构，地下二、三层板为梁板体系，基础为梁筏形式，基础下设抗拔（浮）桩。

地下空间采用分幅明挖施工，围护结构东侧与十六铺水上旅游中心共用 800mm 厚地下连续墙，西侧与外滩交通枢纽工程共用 600mm 厚地下连续墙。为保证施工期间中山东二路交通，基坑中部南北向设置 600mm 厚临时封堵地下连续墙，将整个基坑分为东西两幅，分块施工。基坑深度约为 14.5m，基坑竖向设置四道支撑，其中第一道为钢筋混凝土支撑，第二～四道为钢管支撑。因基坑宽度较大，基坑内结合抗拔桩设置了型钢格构柱。

抗震设计难点：

① 十六铺水上旅游中心位于中山东二路地下空间东侧，为地下三层结构，基坑深度约为 13.8m，与本工程共用地下连续墙；外滩交通枢纽工程位于中山东二路地下空间西侧，亦为地下三层结构，基坑深度约为 15.8m，同样与本工程共用地下连续墙。此外，本工程在地下二层和地下三层均设置了与外滩交通枢纽和十六铺水上旅游中心的接口，如图 5.4.4 所示。本工程与其他地下工程共用部分围护，地震发生时必然会受到其他地下结构的影响。这些影响不可忽视，抗震分析时需要将本工程地下空间与相邻结构一起建模，考虑相邻工程的影响。将三个工程联合建立有限元模型开展抗震分析，同时要考虑地下空间周围土体，这将导致有限元模型单元数量巨大，给抗震分析带来较大的麻烦。另外，本工程地下空间结构形式较为规则，但与两相邻结构联合建模后，整体结构形状变化较大，很难判断结构的抗震薄弱位置。

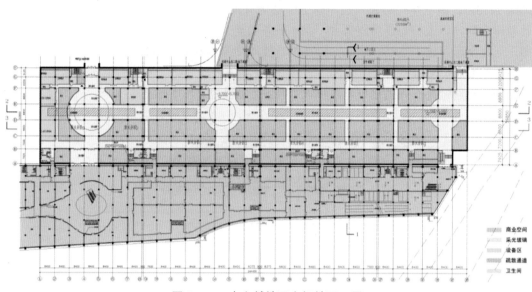

图 5.4.4　十六铺地下空间地下二层

② 位于本工程东侧的十六铺水上旅游中心先于本工程施工，位于本工程西侧的外滩交通枢纽工程晚于本工程施工。因东西侧均为在建工程，本工程设计工况极为复杂，既要考虑对先建的十六铺水上旅游中心工程的保护，又要考虑外滩交通枢纽工程对本工程的影响，静力设计时考虑了本工程建设阶段进行全工况模拟分析。相对于地震重现期，工程的施工期较短，抗震设计时一般不考虑结构的施工阶段。尽管施工期发生地震的概率很小，但施工阶段对工程的地震危害性是确实存在的。一般单建工程如果在施工期发生地震，通常只对自身工程产生影响；然而本工程的情况是三个相邻工程同时施工，一旦发生震害将可能引起连锁反应，造成严重的危害。类似本工程这种建设环境复杂的工程，在抗震设计时应考虑与周围环境的相互影响，这也是复建式地下结构抗震分析的未来发展方向。

5.4.2　中博会综合体地下人行通道——带下沉广场

虹桥商务区核心区（一期）与中国博览会会展综合体地下人行通道工程，东接虹桥商务区核心区（一期）地下空间中轴，西至中博会会展中心东出入口，全长约746m。该地下人行通道工程由于项目投资主体确定、项目实施进度等原因，划分为东西二段。东段（嘉闵高架地面道路西侧红线～申滨南路西侧红线）长度约249m；西段西起中国博览会会展中心下沉广场，东至嘉闵高架西侧红线，与会展通道东段工程相接，长度约275m，其中包括222m长的涞港路西侧红线至嘉闵高架西侧红线的西段东部工程和53m长的西段西部工程，即中博会下沉广场，如图5.4.5所示。

为了将人流引向中博会地块，在中博会红线内设置一个下沉广场（图5.4.6），作为地下通道的延伸，主要承担会展中心与人行通道的联通作用，兼顾会展综合体向东侧的客流疏散。中博会东侧下沉广场与会展地下通道相连接，位于中博会15～16号门之间，涞港路西侧，二层步廊南侧。

本工程地下二层通道东侧紧邻涞港路，涞港路红线宽度40.0m，涞港路外侧3m即为

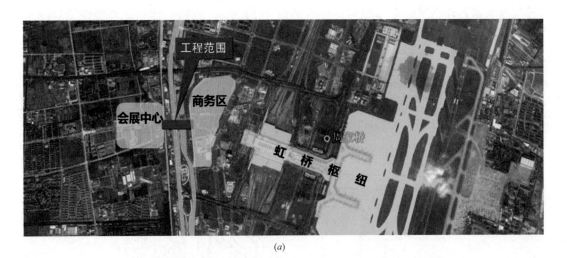

(a)

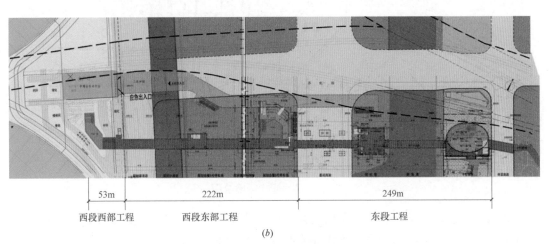

53m | 222m | 249m
西段西部工程　西段东部工程　　　东段工程

(b)

图 5.4.5　总平面图

（a）地下通道位置；（b）工程分区

图 5.4.6　中博会下沉广场段工程位置图

小涞港现状河道。涞港路下已建 80m 长地下通道，本工程建设时将与其接通。涞港路已建通道在变形缝处设置了临时封堵墙，在顶板顶至地面设置了挡土墙，地下通道接通时可以保证外侧道路的安全；南侧邻近中博会会展综合体内部道路及绿化，拟建场地与南侧道路外会展综合体结构最近距离约为 35.7m；西侧邻近中博会会展综合体内部道路及绿化，

157

拟建场地与道路外会展综合体结构最近距离约为 24.6m；北侧拟建场地与地铁二号线徐泾东站至虹桥火车站站区间隧道间距离约为 49.8m；与中博会会展综合体项目 8m 平台及二层步廊结构距离最近约为 15.8m。基坑环境总图如图 5.4.7。

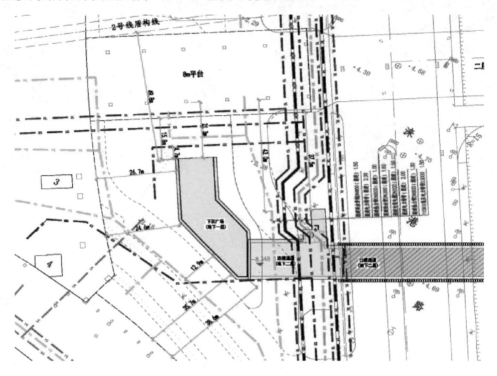

图 5.4.7　基坑环境总图

地墙围护区段地下墙和内部结构按共同作用计算。地下墙在使用阶段则作为主体结构整体的一部分与内衬共同受力，墙体计算厚度取内外墙之和。

(1) 计算原则

规划会展 5 号停车场下沉广场紧邻铁路外环线，顶板、中板开洞面积较大。且作为矩形盾构接收井，在施工工况下，中板、顶板需预留盾构接收井尺寸，结构受力复杂，构件性能需认真考察，结构设计应作严密计算分析。

针对规划会展 5 号停车场下沉广场顶板大开洞、部分地下二层缺失等情况，并考虑到项目地理位置的特殊性（紧邻铁路外环线），对悬臂外墙构件需进行平面受力方式进行计算。同时，采用 SATWE 软件进行整体计算，并辅以 MIDAS/Gen 软件进行复核。

(2) 平面计算

由于会展 5 号停车场下沉广场地下连续墙分幅施工，考虑采用平面受力方式进行计算。

① 按纯悬臂构件，悬臂 9.65m（悬臂高度按楼梯平台标高至地面），墙厚 1700mm（内衬墙）+800mm（地墙），堆载 30kN/m²，按水土分算原则，采用叠合墙模型计算。悬臂墙底部弯矩标准值 2895kN·m/m。如图 5.4.8 所示。

② 地震工况，按上海基础设计规范计算附加地震土压力，但构件抗力可予以提高。因截面承载力考虑抗震调整系数，经验算，地震组合工况对结构设计不起控制作用。

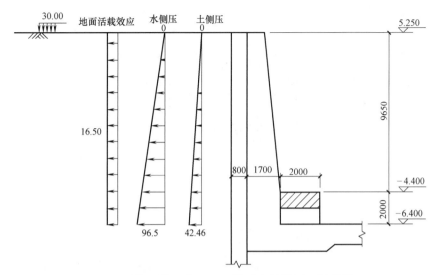

图 5.4.8　敞开段悬臂 9.65m 地下室外墙平面计算简图

③ 三维有限元计算复核（采用 MIDAS/Gen 计算）

水平地震作用按 $8\%G_{eq}$ 惯性力考虑，土体对其反力按三角形分布施加于结构外墙上，采用 MIDAS/Gen 整体建模计算，与 SATWE 计算取包络对结构构件进行设计，有限元计算结果如图 5.4.9 所示。

图 5.4.9　静止土压力 + 地震作用工况下结构的内力、变形图

（3）抗震设计难点

① 下沉广场结构一般没有顶板和覆土，不同于一般的地下结构。抗震设计计算采用何种方法是一大难点：尽管没有上覆土，但下沉广场侧墙仍是被土体包围，采用反应谱法不考虑土体的作用是不合理的；采用反应位移法也不符合该方法的结构变形假定（如图 5.4.10 所示）。本工程抗震计算采用惯性力法，鉴于本工程下沉广场是浅埋结构，需要考虑惯性作用，同时计入了结构侧墙的动土压力，这种计算方法在一定程度上是合理的。但

侧墙上的动土压力分布并不确定，不同的分布模式可能会对结构的地震响应造成较大的影响。

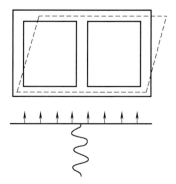

图 5.4.10　反应位移法变形假定

　　② 本工程将下沉广场单独建模开展分析，但下沉广场并不是独立存在的，一般与存在上覆土的地下结构相连。抗震分析时需整体建模，但采用何种分析方法能较准确地得到结构的地震响应仍需要进一步辨析。

第6章　地下结构抗震研究展望

地下结构抗震设计方法是复杂的、有挑战性的研究工作，本书进行了初步的探索。对于这一研究领域还有很多可以进一步研究或改进的内容：

（1）地下结构的性能化抗震设计

地下结构种类繁多，用途多样，其中盾构隧道就分道路、轨道交通、输水、排水、电力等多种用途。不同用途的隧道对于使用和安全有不同的要求，仅按照现行抗震规范中"不坏""可修"等设防目标进行设计是不明确的，需要采取多目标的性能化抗震设计，根据隧道用途的不同设计专有的抗震性能目标。

（2）盾构隧道的抗震变形验算标准

现行规范中采用的盾构隧道抗震变形验算标准参考了隧道施工阶段的变形要求，尽管这些指标在一定程度上能反映对盾构隧道抗震变形的限定，但其适用性还有待实测和试验验证。盾构隧道管片接头的抗震变形也应有要求，这关系到隧道的防水安全性。异形盾构隧道不断涌现，对于矩形断面、马蹄形断面的盾构隧道，其抗震变形验算标准如何确定也是有必要研究的课题。

（3）明挖地铁车站结构的抗震耗能机制

地上框架结构的抗震设计准则是"强柱弱梁"，以梁为主要耗能构件首先消耗地震传来的能量，而明挖地下结构多为墙板结构，地震耗能构件并不明确，抗震设计缺乏目标，需要大量的理论和试验探索。明确明挖地下结构的耗能机制对地下结构的抗震设计有重要意义。

（4）地下空间结构震动对环境的影响

地下空间结构一般横、纵向几何尺寸均较大，在地上、地下空间开发较多的大城市，地下空间结构周围往往建筑、管线密布。地下空间结构与周围地下室、隧道、管线等均埋在同一场地，甚至存在相邻地下结构地下连续墙共建的现象，地震作用下相邻结构之间可能会产生相互的影响。对于周围环境复杂的地下空间结构，在某一空间范围内整体建模开展抗震分析将是未来地下结构抗震的发展方向之一。

（5）地下空间结构的连续倒塌

地下空间一般为框架结构，地震作用下可能造成结构的局部破坏，并引发连锁反应导致构件损伤向地下空间结构的其他部分扩散，最终使结构主体丧失承载力，造成结构的大范围连续坍塌。因此，地下空间结构的鲁棒性将是地下工程抗震研究的重要方向。不仅是结构自身的连续倒塌，地下空间结构体量巨大，一旦地震发生倒塌，势必对邻近的建筑产生不利的影响，极端情况下可能会发生周围建筑的连锁反应。总之，对于周围环境复杂的地下空间结构，在某一空间范围内整体建模开展抗震分析将是未来地下结构抗震的发展方向之一。

（6）预制装配式地下结构抗震

近年来，预制拼装结构在我国发展迅猛，在地下结构也多有应用，如长春预制拼装车站、上海诸光路隧道预制拼装车道板等。规范中一般要求预制装配构件的连接节点等同现浇，但试验研究发现预制装配式结构的节点很难达到与现浇节点相近的结果。抗震分析时，预制构件的连接节点如何模拟，需要采取哪些抗震措施，可能会随着预制拼装结构的广泛应用而共同发展。此外，随着材料科学的发展，如果能将土木工程材料和3D打印技术相结合，将能够制造出更加标准化、精细化的预制构件，有利于预制装配式结构的发展。

（7）精细化模拟

一直以来，科研和工程技术人员对土木工程的研究多集中于数学、物理模型和试验模型的建立和模拟。随着计算机硬件和软件的不断发展，工程技术人员有条件将结构模拟得越来越精细。如果能精细化模拟地下结构的整个建设和服役过程，从基坑开挖、结构浇筑（拼装）、回填使用、结构服役老化等阶段，将能使工程技术人员更好地把握结构的正常使用功能和安全性。此外，研究地下结构不能脱离土体的影响，而土的本构模型是影响土-结构相互作用的关键因素。精细模拟土体的力学行为，将能在很大程度上帮助工程技术人员理解结构的受力状态，厘清地震时土-结构相互作用等难题。

参考文献

[1] 蔡晓光，薄涛，薄景山，等. 1950 年以来亚洲大地震及震害分析 [J]. 世界地震工程，2011，27（3）：8-16.

[2] ASCE. Earthquake damage evaluation and design considerations for underground structures [R]. American Society of Civil Engineers，Los Angeles Section，1974.

[3] JSCE. Earthquake resistant design for civil engineering structures in Japan [R]. Japanese Society of Civil Engineer，Tokyo，1988.

[4] G. Owen，R. Scholl. Earthquake engineering of large underground structures [J]. NASA STI/Recon Technical Report N，1981，82.

[5] S. Sharma，W. Judd. Underground opening damage from earthquakes [J]. Engineering Geology，1991，30（3）：263-276.

[6] M. Power，D. Rosidi，J. Kaneshiro. Seismic vulnerability of tunnels and underground structures revisited [C]. North American Tunnelling 98，1998.

[7] C. Chang，S. Chang. Preliminary inspection of dam works and tunnels after Chi-Chi Earthquake [J]. Sino-Geotechnics，2000，77：101-108.

[8] T. Asakura，Y. Shiba，S. Matsuoka，T. Oya，K. Yashiro. Damage to mountain tunnels by earthquake and its mechanism [C]. Proceedings-Japan Society of Civil Engineers. Dotoku Gakkai，2000：27-38.

[9] M. Shimizu，T. Suzuki，S. Kato，Y. Kojima，K. Yashiro，T. Asakura. Historical damages of tunnels in Japan and case studies of damaged railway tunnels in the Mid Niigata Prefecture Earthquakes. Underground Space-the 4th Dimension of Metropolises，2007：1937-1943.

[10] W. Wang，T. Wang，J. Su，C. Lin，C. Seng，T. Huang. Assessment of damage in mountain tunnels due to the Taiwan Chi-Chi Earthquake [J]. Tunnelling and Underground Space Technology，2001，16（3）：133-150.

[11] 钱七虎，何川，晏启祥. 隧道工程动力响应特性与汶川地震隧道震害分析及启示 [C]. 汶川大地震工程震害调查分析与研究，2009：608-618.

[12] T. Li. Damage to mountain tunnels related to the Wenchuan earthquake and some suggestions for aseismic tunnel construction [J]. Bulletin of Engineering Geology and the Environment，2012，71（2）：297-308.

[13] Y. Hashash，J. Hook，B. Schmidt，J. Yao. Seismic design and analysis of underground structures [J]. Tunnelling and Underground Space Technology，2001，16（4）：247-293.

[14] K. Adalier，T. Dobry，R. Dobry，R. Phillips，D. Yang，E. Naesgaard. Centrifuge modelling for seismic retrofit design of an immersed tube tunnel [J]. International Journal of Physical Modelling in Geotechnics，2003，3（2）：23-35.

[15] Z. Wang，B. Gao，Y. Jiang，S. Yuan. Investigation and assessment on mountain tunnels and geotechnical damage after the Wenchuan earthquake [J]. Science in China Series E：Technological Sciences，2009，52（2）：546-558.

[16] H. Iida，T. Hiroto，N. Yoshida，M. Iwafuji. Damage to Daikai subway station [J].

Soils and Foundations，1996（1）：283-300.

［17］ 马险峰. 地下结构的震害研究［D］. 上海：同济大学，2000.

［18］ 袁勇，陈之毅. 城市地下空间抗震与安全［M］. 上海：同济大学出版社，2014.

［19］ K. Ono，H. Kasai. Up-down vibration effects on bridge piers［J］. Soils and Foundations，1996（1）：211-218.

［20］ 王璐. 地下建筑结构实用抗震分析方法研究［D］. 重庆：重庆大学，2011.

［21］ 白广斌，赵杰，汪宇. 地下结构工程抗震分析方法综述［J］. 防灾减灾学报，2012，28（1）：20-26.

［22］ 孙铁成，高波，叶朝良. 地下结构抗震减震措施与研究方法探讨［J］. 现代隧道技术，2007，44（3）：3-14.

［23］ 林皋. 地下结构抗震分析综述（上）［J］. 世界地震工程，1990（2）：1-10.

［24］ 林皋. 地下结构抗震分析综述（下）［J］. 世界地震工程，1990（3）：1-10.

［25］ 陈正发. 黏性土地基中地铁隧道动力离心模型试验系统开发［D］. 北京：清华大学，2005.

［26］ Earthquake resistant design codes in Japan［S］. Japan Society of Civil Engineerings，2000.

［27］ 林皋. 土-结构动力相互作用［J］. 世界地震工程，1991，7（2）：4-21.

［28］ 郑永来，杨林德，李文艺，等. 地下结构抗震［M］. 上海：同济大学出版社，2007.

［29］ C. St John，T. Zahrah. Aseismic design of underground structures［J］. Tunnelling and Underground Space Technology，1987，2（2）：165-197.

［30］ D. Schukla，P. Rizzo，D. Stephenson. Earthquake load analysis of tunnels and shafts［C］. Proceeding of the 7th World Conference on Earthquake Engineering，1980（8）：2-28.

［31］ R. Thomas. Earthquake design criteria for subways［J］. Journal of the Structural Division，Proceedings of ASCE，1969（6）：1213-1231.

［32］ 周德培. 地铁抗震设计准则［J］. 世界隧道，1995（2）：36-45.

［33］ 川岛一彦. 地下构筑物の耐震设计［M］. 日本：鹿岛出版会，1994.

［34］ 福季耶娃. 地震区地下结构支护的计算［M］. 徐显毅译. 北京：煤炭出版社，1986.

［35］ K. Arulanandan，R. Scott. Verification of numerical procedures for the analysis of soil lique-faction problems［M］. Rotterdam：Balkema Publishers，1993.

［36］ L. Sun. Centrifuge modeling and finite element analysis of pipeline buried in liquefiable soil［D］. New York：Columbia University，2001.

［37］ 陈正发. 黏性土地基中地铁隧道动力离心模型试验系统开发［D］. 北京：清华大学，2005.

［38］ 刘光磊. 饱和地基中地铁地下结构地震反应机理研究［D］. 北京：清华大学，2007.

［39］ Y. Goto，J. Ota，T. Sato. On the earthquake response of submerged tunnels［C］. Proceedings of 5th World Conference of Earthquake Engineering B，1973，2.

［40］ T. Iwatate，Y. Kobayashi，H. Kusu，K. Rin. Investigation and shaking table tests of subway structure of the Hyogoken-Nanbu earthquake［C］. Proceedings of the 12th World Conference on Earthquake Engineering. New Zealand：New Zealand Society for Earthquake Engineering，2000：1043-1051.

［41］ 季倩倩. 地铁车站结构振动台模型试验研究［D］. 上海：同济大学，2002.

［42］ 杨林德，季倩倩，杨超，等. 地铁车站结构振动台试验中传感器位置的优选［J］. 岩土力学，2004，25（4）：619-623.

［43］ 陈国兴，庄海洋，程绍革，等. 土-地铁隧道动力相互作用的大型振动台试验：试验方案设计［J］. 地震工程与工程振动，2007，26（6）：178-183.

[44] 陈国兴，庄海洋，杜修力，等. 土-地铁隧道动力相互作用的大型振动台试验：试验结果分析 [J]. 地震工程与工程振动，2007，27（1）：164-170.

[45] 申玉生，高波，王峥峥. 强震区山岭隧道振动台模型试验破坏形态分析 [J]. 工程力学，2009，26（增1）：62-66.

[46] 宫必宁，赵大鹏. 地下结构与土动力相互作用试验研究 [J]. 地下空间，2002，22（4）：320-324.

[47] 车爱兰，岩楯敞广，葛修润. 关于地铁地震响应的模型振动台试验及数值分析 [J]. 岩土力学，2006，27（8）：1293-1398.

[48] 李凯玲，张亚，刘妮娜. 土-地铁隧道动力相互作用模型试验分析 [J]. 工程地质学报，2007，15（4）：534-538.

[49] R. Moss, V. Crosariol. Scale model shake table testing of an underground tunnel cross section in soft clay [J]. Earthquake Spectra, 2013, 29 (4): 1413-1440.

[50] J. Chen, X. Shi, J. Li. Shaking table test of utility tunnel under non-uniform earthquake wave excitation [J]. Soil Dynamic and Earthquake Engineering, 2010, 30: 1400-1416.

[51] X. Yan, H. Yu, Y. Yuan, J. Yuan. Multi-point shaking table test of the free field under non-uniform earthquake excitation [J]. Soils and Foundations, 2015, 55 (5): 986-1001.

[52] X. Yan, J. Yuan, H. Yu, A. Bobet, Y. Yuan. Multi-point shaking table test design for long tunnels under non-uniform seismic loading [J]. Tunnelling and Underground Space Technology, 2016 (59): 114-126.

[53] 李彬. 地铁地下结构抗震理论分析与应用研究 [D]. 北京：清华大学.

[54] 谢礼立，马玉宏，翟长海. 基于性态的抗震设防与设计地震动 [M]. 北京：科学出版社，2008.

[55] 罗开海. 建筑抗震设防思想发展动态及展望 [J]. 工程抗震与加固改造，2017，39（增）：99-105.

[56] 魏琏，王森. 中国建筑结构抗震设计方法发展及若干问题分析 [J]. 建筑结构，2017，47（1）：1-9.

[57] 谭启迪，薄景山，郭晓云，等. 反应谱及标定方法研究的历史与现状 [J]. 世界地震工程，2017，33（2）：46-54.

[58] 中华人民共和国住房和城乡建设部，国家质量监督检验检疫总局. 建筑抗震设计规范 GB 50011—2010（2016年版）[S]. 北京：中国建筑工业出版社，2016.

[59] 国家能源局. 水电工程水工建筑物抗震设计规范 NB 35047—2015 [S]. 北京：中国电力出版社，2015.

[60] 中华人民共和国住房和城乡建设部，国家质量监督检验检疫总局. 城市轨道交通结构抗震设计规范 GB 50909—2014 [S]. 北京：中国计划出版社，2014.

[61] 中华人民共和国交通运输部. 公路工程抗震规范 JTG B02—2013 [S]. 北京：人民交通出版社，2015.

[62] 上海市城乡建设和交通委员会. 建筑抗震设计规程 DGJ 08—9—2013 [S]. 上海：上海市建筑建材业市场管理总站，2013.

[63] 中华人民共和国住房和城乡建设部，国家质量监督检验检疫总局. 建筑机电工程抗震设计规范 GB 50981—2014 [S]. 北京：中国建筑工业出版社，2014.

[64] 中华人民共和国住房和城乡建设部，国家质量监督检验检疫总局. 电力设施抗震设计规范 GB 50260—2013 [S]. 北京：中国计划出版社，2013.

[65] 中华人民共和国住房和城乡建设部，国家质量监督检验检疫总局. 构筑物抗震设计规范 GB 50191—2012 [S]. 北京：中国计划出版社，2012.

[66] 中华人民共和国住房和城乡建设部. 底部框架-抗震墙砌体房屋抗震技术规程 JGJ 248—2012 [S]. 北京：中国建筑工业出版社，2012.

[67] 中华人民共和国住房和城乡建设部. 城市桥梁抗震设计规范 CJJ 166—2011 [S]. 北京：中国建筑工业出版社，2011.

[68] 上海市城乡建设和交通委员会. 地下铁道建筑结构抗震设计规范 DG/TJ 08—2064—2009 [S]. 上海：上海市建筑建材业市场管理总站，2009.

[69] 中华人民共和国住房和城乡建设部，国家质量监督检验检疫总局. 铁路工程抗震设计规范（2009 年版）GB 50111—2006 [S]. 北京：中国计划出版社，2009.

[70] 中华人民共和国交通运输部. 公路桥梁抗震设计细则 JTG/T B02—01—2008 [S]. 北京：人民交通出版社，2008.

[71] 中华人民共和国建设部. 室外给水排水和燃气热力工程抗震设计规范 GB 50032—2003 [S]. 北京，2003.

[72] 中华人民共和国建设部. 预应力混凝土结构抗震设计规程 JGJ 140—2004 [S]. 北京：2004.

[73] 中华人民共和国住房和城乡建设部. 高层建筑混凝土结构技术规程 JGJ 3—2010 [S]. 北京：中国建筑工业出版社，2010.

[74] 中华人民共和国住房和城乡建设部. 地铁设计规范 GB 50157—2013 [S]. 北京：中国建筑工业出版社，2013.

[75] 上海市住房和城乡建设管理委员会. 道路隧道设计标准 DG/T J08—2033—2017 [S]. 上海：同济大学出版社，2017.

[76] 中华人民共和国住房和城乡建设部，国家质量监督检验检疫总局. 建筑工程抗震设防分类标准 GB 50223—2008 [S]. 北京：中国建筑工业出版社，2008.

[77] 中华人民共和国住房和城乡建设部. 核电厂抗震设计规范 GB 50267—97 [S].

[78] 中华人民共和国交通运输部. 公路隧道设计细则 JTG/T D70—2010 [S]. 北京：人民交通出版社，2010.

[79] 中华人民共和国住房和城乡建设部，国家质量监督检验检疫总局. 石油化工建（构）筑物抗震设防分类标准 GB 50453—2008 [S]. 北京：中国计划出版社，2008.

[80] 国家发展和改革委员会. 石油化工构筑物抗震设计规范 SH/T 3147—2004.

[81] 中华人民共和国铁道部. 铁路隧道设计规范 TB 10003—2005 [S]. 北京：中国铁道出版社，2005.

[82] 小泉淳. 盾构隧道的抗震研究及算例 [M]. 北京：中国建筑工业出版社，2009.

[83] 谢礼立，马玉宏，翟长海. 基于性态的抗震设防与设计地震动 [M]. 北京：科学出版社，2009.

[84] 周颖，吕西林. 中震弹性设计与中震不屈服设计的理解及实施 [J]. 结构工程师，2008，24 (6)：1-5.

[85] 小泉淳. 盾构隧道管片设计 [M]. 北京：中国建筑工业出版社，2012.

[86] 楼梦麟，潘旦光，范立础. 土层地震反应分析中侧向人工边界的影响 [J]. 同济大学学报，2003，37 (7)：757-761.

[87] 中华人民共和国住房和城乡建设部，国家质量监督检验检疫总局. 盾构法隧道施工及验收规范 GB 50446—2017 [S]. 北京：中国建筑工业出版社，2017.

[88] 仇保兴. 海绵城市（LID）的内涵、途径与展望 [J]. 给水排水，2015 (3)：11-18.

[89] 林忠军. 深层隧道排水系统在城市排水规划中的应用 [J]. 城市道路与防洪，2014（5）：143-147.

[90] 陈健云，刘金云. 地震作用下输水隧道的流-固耦合分析 [J]. 岩土力学，2006，27（7）：1077-1081.

[91] 禹海涛，袁勇，顾玉亮，等. 非一致激励下长距离输水隧道地震响应分析 [J]. 水利学报，2013，44（6）：718-725.

[92] 楼云锋，杨颜志，金先龙. 输水隧道地震响应的多物质 ALE 数值分析 [J]. 岩土力学，2014，35（7）：2095-2102.

[93] 徐文杰. 基于 CEL 算法的滑坡涌浪研究 [J]. 工程地质学报，2012，20（3）：350-354.

[94] QIU G，HENKE S，GRABE J. Application of a Coupled Eulerian-Lagrangian approach on geomechanical problems involving large deformations [J]. Computers and Geotechnics，2011，38（1）：30-39.

[95] NOH W. CEL：a time-dependent，two-space-dimensional，coupled Eulerian-Lagrangian code，methods in computational physics，vol. 3，fundamental methods in hydrodynamics. Academic Press，New York，1964：117-179.

[96] Sarthou A，Vincent S，Caltagirone J，et al. Eulerian-Lagrangian grid coupling and penalty methods for the simulation of multiphase flows interacting with complex objects [J]. International Journal for Numerical Methods in Fluids，2008，56（8）：1093-1099.

[97] Smojver I，Ivancevic D. Bird strike damage analysis in aircraft structures using Abaqus/Explicit and coupled Eulerian Lagrangian approach [J]. Composites Science and Technology，2011，71（4）：489-498.

[98] Abaqus analysis user's manual，Version 6. 11. Dassault Systemes：2011.

[99] Cohen M，Jennings P. Silent boundary methods for transient analysis in computational methods for transient analysis，Ed. T. Belytschko and T. Hughes，Elsevier，1983.

[100] Lysmer J，Kuhlemeyer R. Finite dynamic model for infinite media [J]. Journal of the Engineering Mechanics Division of the ASCE，1969，（8）：859-877.

[101] 何川，苏宗贤，曾东洋. 盾构隧道施工对已建平行隧道变形和附加内力的影响研究 [J]. 岩石力学与工程学报，2007，26（10）：2063-2069

[102] 庄卫林，陈乐生，裴向军，等. 汶川地震公路震害分析-桥梁与隧道 [M]. 北京：人民交通出版社，2013.

[103] 林忠军. 深层隧道排水系统在城市排水规划中的应用 [J]. 城市道路与防洪，2014（5）：143-147.

[104] Xiao YAN，Juyun YUAN，Haitao YU，et al. Multi-point shaking table test design for long tunnels under non-uniform seismic loading [J]. Tunnelling and Underground Space Technology，2016，59：114-126.

[105] 陈向红，陶连金，陈曦. 水下隧道附属竖井的横向地震响应研究 [J]. 科学技术与工程，2016，16（13）：273-278.

[106] 于新杰，张鸿儒，王逢朝. 南京长江沉管隧道竖井地震反应分析 [J]. 北方交通大学学报，1999，23（4）：61-64.

[107] 肖梦倚，费文平. 半埋式深竖井结构的三维动力响应特征 [J]. 武汉大学学报，2015，48（1）：34-38.

[108] 孙巍，官林星. 大断面矩形盾构法隧道设计研究与实践 [M]. 北京：中国建筑工业出版

社，2017.

[109] 禹海涛，李龙津，曹春艳，等. 考虑内部预制结构的盾构隧道抗震性能分析 [J]. 地下空间与工程学报，2016，12（增 2）：834-840.

[110] 王文晖. 地下结构实用抗震分析方法及性能指标研究 [D]. 北京：清华大学，2013.

[111] 禹海涛，袁勇，张中杰，等. 反应位移法在复杂地下结构抗震中的应用 [J]. 地下空间与工程学报，2011，7（5）：857-862.

[112] 边金，陶连金，张印涛，等. 地下结构抗震设计方法的比较和分析 [J]. 现代隧道技术，2008，45（6）：50-55.

[113] 陶连金，王文沛，张波，等. 地铁地下结构抗震设计方法差异性规律研究 [J]. 土木工程学报，2012，45（12）：170-176.

[114] 李新星，陈鸿，陈正杰. 地铁车站结构抗震设计方法的适用性研究 [J]. 土木工程学报，2014，47（增 2）：322-327.

[115] 鲁嘉星，禹海涛，贾坚. 软土地区地铁车站横断面抗震设计方法适用性研究 [J]. 建筑结构，2014，44（23）：80-84.

[116] 马宏旺，吕西林，陈晓宝. 建筑结构"中震可修"性能指标的确定方法 [J]. 工程抗震与加固改造，2005，27（5）：26-32.

[117] FEMA 273. NEHRP Commentary on the Guidelines for the Rehabilitation of Buildings. Federal Emergency Management Agency，Washington，D. C. September，1996.

[118] California Office of Emergency Services，Vision 2000：Performance based seismic engineering of buildings，Structural Engineering Association of California，Vision 2000 Committee，California，1995.

[119] FEMA 356. Pre-Standard and Commentary for the Seismic Rehabilitation of Buildings. Federal Emergency Management Agency，Washington，D. C.，2000.

[120] EC8. Euro code 8：Design of Structures for Earthquake Resistance. General rules，Seismic Actions and Rules for Buildings. EN1998-1：2003，British Standards Institution，London，2003.

[121] Building Center of Japan. Report of development of new engineering framework for building structures [R]. Integrated Technical Development Project，Ministry of Construction.

[122] H. Huo，A. Bobet，G. Fernandez，et al. Load transfer mechanisms between underground structure and surrounding ground：Evaluation of the failure of the Daikai station [J]. Journal of Geotechnical and Geoenvironmental Engineering，2005，131（12）：1522-1533.

[123] K. G. Smith. Innovation in earthquake resistant concrete structure design philosophies：A century of progress since Hennebique's patent [J]. Engineering Structure，2001，23（1）：72-81.

[124] 马宏旺. 一种直接基于位移的抗震设计方法 [J]. 地震工程与工程振动，2007，27（2）：45-50.

[125] 门进杰. 不规则钢筋混凝土框架结构基于性能的抗震设计理论和方法 [D]. 西安：西安建筑科技大学，2007.

[126] 田小红，苏明周，连鸣，等. 高强钢组合 K 形偏心支撑框架结构振动台试验研究 [J]. 土木工程学报，2016，49（3）：56-63.

[127] 杨勇，王婷，陈伟，等. 预应力钢带加固震后混凝土框架抗震性能试验研究 [J]. 西安建筑科技大学学报，2016，48（1）：29-35.

[128] 黄远，张锐，朱正庚，等. 含三明治外墙挂板框架结构抗震性能试验研究 [J]. 地震工程与工程振动，2016，36（2）：152-157.

[129] 张耀庭，杜晓菊，杨力. RC框架结构基于构件损伤的抗震性能评估研究 [J]. 湖南大学学报，2016，43（5）：9-21.

[130] 邓雪松，张超，曹均勇，等. 装配式减震墙板RC框架结构抗震性能试验研究 [J]. 建筑结构学报，2016，37（5）：170-176.

[131] 黄远，张锐，朱正庚，等. 现浇柱预制梁混凝土框架结构抗震性能试验研究 [J]. 建筑结构学报，2015，36（1）：44-50.

[132] 杨伟松，郭迅，许卫晓，等. 翼墙-框架结构振动台试验研究及有限元分析 [J]. 建筑结构学报，2015，36（2）：96-103.

[133] 樊禹江，余滨杉，王社良. 再生混凝土框架结构地震作用下随机损伤与评估分析 [J]. 建筑结构学报，2015，36（5）：97-102.

[134] 吕西林，张翠强，周颖，等. 半再生混凝土框架的抗震性能 [J]. 中南大学学报，2014，45（4）：1214-1226.

[135] 余江滔，张远森，陆洲导，等. 注胶修复混凝土框架结构模型振动台试验 [J]. 土木工程学报，2012，45（增1）：208-212.

[136] 程春兰，周德源，王斌. 双钢板混凝土组合剪力墙试验研究及结构弹塑性时程分析 [J]. 振动与冲击，2017，36（1）：255-260.

[137] 钱嫁茹，韩文龙，赵作周，等. 钢筋套筒灌浆连接装配式剪力墙结构三层足尺模型子结构拟动力试验 [J]. 建筑结构学报，2017，38（3）：26-38.

[138] 王啸霆，王涛，李文峰，等. 装配整体式钢筋混凝土剪力墙子结构抗震性能试验研究 [J]. 建筑结构学报，2017，38（6）：1-11.

[139] 王飞，R. Shahneam. 基于振动台实验的结构损伤识别研究 [J]. 地震工程学报，2016，38（1）：129-135.

[140] 李刚，黄小坤，刘瑄，等. 底部预留后浇区钢筋搭接的装配整体式剪力墙抗震性能试验研究 [J]. 建筑结构学报，2016，37（5）：193-200.

[141] 梁兴文，辛力，邓明科，等. 高强混凝土剪力墙抗震性能及其性能指标试验研究 [J]. 土木工程学报，2010，43（11）：37-45.

[142] 祁勇，朱慈勉，钟树生. 不同肢厚比框支短肢剪力墙斜柱式转换层结构抗震试验研究 [J]. 振动与冲击，2012，31（12）：155-159.

[143] 韩春，李青宁，姜维山. 框架-剪力墙组合结构的拟动力试验研究 [J]. 建筑钢结构进展，2016，18（1）：23-28.

[144] 邓明科，梁兴文，辛力. 剪力墙结构基于性能抗震设计的目标层间位移确定方法 [J]. 工程力学，2008，25（11）：141-148.

[145] 李树桢，李冀龙. 房屋建筑的震害矩阵计算与设防投资比确定 [J]. 自然灾害学报，1998，7（4）：106-114.

[146] 高小旺，李荷，肖伟，等. 工程抗震设防标准若干问题的探讨 [J]. 土木工程学报，1997，30（6）：52-59.

[147] 黄春. 城市最优抗震设防标准的研究 [D]. 青岛：中国海洋大学，2010.

[148] 张维佳，姜立新，李晓杰，等. 汶川地震人员死亡率及经济易损性探讨 [J]. 自然灾害学报，2013，22（2）：197-204.

[149] 李晓杰. 强震人员损失评估模型研究与动态评估系统设计 [D]. 北京：中国地震局地震预测

研究所，2011.

[150] 罗艳. 建筑抗震设防标准优化方法的基础研究 [D]. 青岛：中国海洋大学，2009.

[151] 杜修力，刘洪涛，路德春，等. 装配整体式地铁车站侧墙底节点抗震性能研究 [J]. 土木工程学报，2017，50（4）：38-47.

[152] 周龙壮，高向宇，陈娟，等. 钢管混凝土 Y 形柱及混凝土平台结构抗震性能试验 [J]. 建筑结构，2015，45（3）：31-38.

[153] 董正方，王君杰，姚毅超，等. 城市轨道交通地下结构抗震性能指标体系研究 [J]. 2014，34（增）：699-705.

[154] 欧飞奇. 软土中庭式地铁车站地震响应及减隔震研究 [D]. 上海：同济大学，2016.

[155] 袁红，赵万民，赵世晨. 日本地下空间利用规划体系解析 [J]. 城市规划，2014，21（2）：112-118.

[156] 马忠政，杨林德，马险峰，等. 结合地下空间开发的地铁车站抗震性能分析 [C]. 2010 城市轨道交通关键技术论坛，2010，上海.

[157] 丰土根，杜冰，王可佳，等. 上海世博会地下变电站基坑围护结构的动力反应分析 [J]. 防灾减灾工程学报，2010，30（4）：361-368.

[158] 段国华. 南京青奥城轴线地下空间三维地震响应分析 [J]. 铁道勘察，2015（2）：55-58.

[159] 李艳. 大型地下空间主体结构抗震有限元分析 [J]. 山西建筑，2017，43（4）：48-49.

[160] 徐正良，张中杰，禹海涛，等. 复杂地下大空间综合体抗震性能分析 [J]. 城市轨道交通研究，2012（8）：63-66.

[161] 丁德云，赵继. 城市轨道交通大型地下空间结构抗震性能分析 [J]. 地震工程学报，2017，39（增）：224-231.

[162] 安军海，陶连金，安林轩，等. 城市大型地下空间结构地震风险评估体系研究 [J]. 土木工程学报，2015，48（增 2）：118-123.

[163] 刘茂龙. 城市地下空间开发中大型地下结构抗震性能的研究 [D]. 广州：广州大学，2011.

[164] 陈星，欧妍君，陈伟. 现代地下空间结构研究及应用 [M]. 北京：中国建筑工业出版社，2015.

[165] 中华人民共和国住房和城乡建设部，国家市场监督管理总局. 地下结构抗震设计标准 GB/T 51336—2018 [S]. 北京：中国建筑工业出版社，2018.